業績翻倍
Facebook+Instagram
超強雙效集客行銷術

社群精準鎖定・廣告強力曝光・深度鐵粉經營・觸及成效分析

 從零打造＋低行銷成本，經營最出色的粉絲專頁和社團

 限時動態、打卡、Marketplace、探索周邊，輕鬆增加業績

 學會 FB+IG 應用與行銷技巧，搭配誘因激起購物欲望

 實戰粉專的管理與粉絲助攻推廣，借力使力創造口碑

 拍照 / 構圖 / 錄影 / 濾鏡 / 編修的私房撇步一應俱全

 掌握貼文、留言、按讚、珍藏、分享、推薦祕訣

 啟動廣告追蹤碼，追尋目標群數據進行分析與導購

鄭苑鳳 著　**ZCT** 策劃

業績翻倍
Facebook+Instagram
超強雙效集客行銷術
社群精準鎖定．廣告強力曝光．深度鐵粉經營．觸及成效分析

鄭苑鳳 著 ZCT 策劃

作　者：鄭苑鳳 著、ZCT 策劃
責任編輯：Cathy

董 事 長：蔡金崑
總 編 輯：陳錦輝

出　版：博碩文化股份有限公司
地　址：221 新北市汐止區新台五路一段 112 號 10 樓 A 棟
　　　　電話 (02) 2696-2869　傳真 (02) 2696-2867

發　行：博碩文化股份有限公司
郵撥帳號：17484299　戶名：博碩文化股份有限公司
博碩網站：http://www.drmaster.com.tw
讀者服務信箱：dr26962869@gmail.com
訂購服務專線：(02) 2696-2869 分機 238、519
（週一至週五 09:30 ～ 12:00；13:30 ～ 17:00）

版　次：2019 年 5 月初版
　　　　2020年5月初版六刷

建議零售價：新台幣 450 元
I S B N：978-986-434-393-5
律師顧問：鳴權法律事務所 陳曉鳴律師

本書如有破損或裝訂錯誤，請寄回本公司更換

國家圖書館出版品預行編目資料

業績翻倍!Facebook+Instagram 超強雙效集
客行銷術：精準鎖定社群.廣告強力曝光.深
度鐵粉經營.觸及成效分析 / 鄭苑鳳著. --
初版. -- 新北市：博碩文化，2019.05

面；　公分

ISBN 978-986-434-393-5(平裝)

1.網路行銷 2.網路社群

496　　　　　　　　　　　108006782

Printed in Taiwan

博碩粉絲團

歡迎團體訂購，另有優惠，請洽服務專線
(02) 2696-2869 分機 238、519

Facebook 是全球最熱門且擁有最多會員人數的社群網站,不管是視訊直播、相機濾鏡、限時動態、粉絲專頁、社團、建立活動、地標、打卡、商品標註、票選活動⋯等,單單「直播」這項功能就讓許多企業的銷售業績不斷攀升。而 Instagram 是年輕人最受歡迎的社群,它結合手機拍照與分享照片,讓手機拍照後快速加入各種美美的藝術特效,然後馬上分享給朋友或 Facebook、Twitter、Flickr 等社群網站,很多網紅、藝人運用這個社群來引更多人的注意與追蹤,是經營個人風格或商品的最佳平台之一。

如果你會同時使用 Facebook 和 Instagram 兩大超猛的集客行銷技巧,那麼不用花大錢行銷,也能讓自家的品牌買氣紅不讓。這本書除了介紹這兩大社群的各種使用技巧外,對於各種行銷觀念、社群集客祕笈、行銷要訣、粉專管理技巧、貼文撰寫祕訣、創意圖像的包裝、免費廣告/付費廣告的運用、社群的整合行銷⋯等都有所著墨,也告訴各位如何透過洞察報告了解各項分析資料,以做為廣告行銷的參考。許多課堂上學不到的吸客大法,本書都加以說明,讓商家能夠以小博大,以最小的成本創造出最大的利潤。

如果你尚未深入研究 Facebook 和 Instagram 兩大社群,可能很多功能都不知道,也不知如何善用這些功能來行銷你的品牌/商品,而本書循序漸進的介紹臉書和 IG 的各種使用技巧與行銷方式。假如你想突破網路行銷的困境,利用粉絲專頁或社團來經營你的商品、增加實體店面的業績、吸引大批追蹤者的關注,那麼這本書絕對是你的好夥伴,能靈活運用社群來行銷,就能以最小的預算達到最大化的行銷目的。

本書以嚴謹的態度,搭配圖說做最精要的表達,期望大家降低閱讀的壓力,輕鬆掌握社群行銷宣傳的要訣。

目錄

CONTENTS

01 不用花大錢，小品牌也能痛快行銷

行銷至尊，寶刀 FB，IG 不出，誰與爭鋒 1-2

社群行銷的入門黃金課 1-3

　　神奇的六度分隔理論 1-4

　　惺惺相惜的同溫層效應 1-6

　　社群行銷的宮心計 1-7

社群行銷的四種贏家攻略 1-8

　　分享是行銷的最終極武器 1-9

　　多元選擇自己同溫層的社群 1-10

　　熟悉衍生喜歡與信任 1-11

　　行銷內容一定要有梗 1-12

品牌行銷的社群實戰集客祕笈 1-13

　　一擊奏效的品牌定位原則 1-15

　　打造粉絲完美互動體驗 1-16

　　瞬間引爆的社群連結技巧 1-17

　　競品分析研究與追蹤行銷成效 1-17

社群行銷的番外加強版 1-19

　　病毒式行銷 1-20

　　飢餓行銷 1-21

　　原生廣告 1-22

　　電子郵件與電子報行銷 1-23

　　網紅行銷 1-24

02　讓玩家掏心的臉書行銷入門

打造臉書行銷新藍圖 2-2
　　動態消息 2-4
　　新增相機 2-6
　　限時動態 2-8
　　聊天室與即時通訊 Messenger 2-9
　　建立活動 2-12
　　設定朋友名單與群組 2-13
　　加入其他社群按鈕 2-13
上傳相片與標註人物 2-15
　　建立相簿與人物標註 2-16
　　將相簿 / 相片「連結」分享 2-18
一學就會的直播行銷 2-19
　　直播不求人實戰守則 2-20

03　買氣紅不讓的粉專入門關鍵心法

粉絲專頁經營的小心思 3-3
　　粉絲專頁類別 3-3
　　玩粉絲專頁的私房點子 3-4
建立粉絲專頁 3-6
　　大頭貼及封面照設定技巧 3-7
　　為粉絲頁新增簡短說明 3-9
　　建立獨一無二的用戶名稱 3-11
　　管理粉絲專頁 3-13
邀請朋友加入粉專 3-14
　　邀請朋友按讚 3-15
　　使用 Messenger 進行宣傳 3-15
　　動態時報分享 3-16
粉絲專頁貼文全思維 3-17

發佈文字貼文 3-17

相片 / 影片分享 3-19

為相片加入貼圖.. 3-22

製作與發佈輕影片 3-23

上傳臉書封面影片 3-25

將重點貼文置頂.. 3-26

04 讓粉絲甘心掏錢的粉專贏家經營思維

粉絲專頁管理者介面 4-3

粉絲專頁的首頁.. 4-3

收件匣 4-3

通知 4-4

洞察報告 4-5

發佈工具 4-6

設定 4-7

粉絲專頁權限管理 4-8

角色分類 4-8

新增 / 變更 / 移除角色 4-10

粉專管理技巧精選 4-11

開啟訊息與建立問候語 4-11

暫停粉絲專頁 4-13

刪除粉絲專頁 4-13

關閉與限制發言功能.................................. 4-14

查看與回覆粉絲留言 4-14

查看所有粉絲貼文 4-15

查看活動紀錄 4-16

範本與頁籤順序.. 4-16

粉專零距離推廣法則 4-18

粉絲專頁活動 4-18

QR 碼辦活動不求人 4-20

新增 / 編輯里程碑 4-21

建立優惠和折扣 4-21

新增行動呼籲按鈕 - 搶先預約 4-22

多文發佈影片 4-26

05 臉書粉絲行銷火力加強攻略

活用相片 / 相簿 / 影片功能 5-2

新增相片 / 相簿 5-3

分享相簿給其他人 5-5

建立影片播放清單 5-6

精選影片置頂行銷 5-7

影片加入中 / 英文字幕 5-8

「我的珍藏」影片 5-9

超吸睛行銷應用程式 5-13

網誌撰寫指南 5-13

條列式清單貼文 5-14

加入表情符號 5-16

建立票選行銷活動 5-17

發佈徵才貼文 5-18

標註商品 5-18

創意社交外掛程式 5-20

常見社交外掛 5-20

最暖心的外掛程式 5-21

06 最霸氣的實店業績提高工作術

認識地標與打卡 6-3

地標打卡 6-4

標註朋友 / 感受 / 貼圖 6-6

建立打卡新地標 6-7

開啟打卡功能 6-8

整合地標與粉絲專頁 6-9

「探索周邊」在地服務 6-10

開啟定址服務 6-12

店家的在地服務 6-13

臉書市集（Facebook Marketplace）教戰指南 6-14

購買商品 6-15

販售商品 6-17

管理與編輯拍賣商品 6-19

小兵立大功的臉書免費廣告 6-20

07 打造集客瘋潮的 IG 視覺體驗

初試 IG 的異想世界 7-2

從手機安裝 IG 7-3

個人檔案建立關鍵要領 7-5

引爆吸客亮點的大頭貼 7-7

命名的贏家大思維 7-8

新增商業帳號 7-9

廣邀朋友的獨門技巧 7-10

以 Facebook/Messenger/LINE 邀請朋友 7-11

貼文撰寫的文筆技巧 7-12

保證零秒成交的貼文祕訣 7-12

按讚與留言 7-13

開啟貼文通知 7-14

偷偷加入驚喜元素 7-15

標註人物 / 地點 7-16

推播通知設定 7-17

貼文的夢幻變身密技 7-18

　主題色彩的大器貼文 7-18

　吸睛 100% 的文字貼文 7-19

　重新編輯上傳貼文 7-20

　分享至其他社群網站 7-21

桌機上玩 IG 7-22

　瀏覽 / 搜尋 / 編輯功能 7-22

　發佈相片 / 影片 7-24

08 觸及率翻倍的潮牌拍照攻略

IG 相機功能全新體驗 8-2

　拍照 / 編修私房撇步 8-3

　神奇的濾鏡功能 8-6

　酷炫有趣的自拍照 8-8

　從圖庫分享相片 8-9

　迴力鏢與超級變焦功能 8-11

創意百分百編修技法 8-13

　相片縮放 / 裁切功能 8-13

　色彩明暗調整藝術 8-14

IG 影片拍攝基本功 8-15

　「新增」影片畫面 8-15

　「相機」錄影一次搞定 8-16

　IG 直播不求人 8-17

攝錄達人的吸睛方程式 8-18

　掌鏡平穩的訣竅 8-18

　採光控制的私房技巧 8-20

　多重視角的集客點子 8-22

課堂上保證學不到的超級吸客大法

打造相片魅惑行銷力 9-2
別出心裁的組合相片功能 9-3
多重影像重疊 9-5
相片中加入卡哇依元素 9-7
超火塗鴉文字特效 9-8
立體文字效果 9-11
擦出相片中的吸睛亮點 9-11

超人氣圖像包裝術 9-13
GIF 動畫的視覺幫襯感 9-13
相簿鋪陳全方位商品風貌 9-14
標示時間 / 地點 / 主題標籤的秒殺技 9-15
用心機玩行銷創意 9-17
加入票選活動 9-19
奪人眼球的方格模板 9-20
情境感染的造粉必殺技 9-20

逆天的 IGTV 行銷術 9-22
IGTV 功能簡介 9-22
建立專屬 IGTV 頻道 9-24
上傳影片到 IGTV 頻道 9-25
複製 IGTV 影片連結網址 9-26

地表最強的主題標籤行銷密技

用主題標籤玩轉 IG 行銷 [..] 10-2
相片 / 影片中加入主題標籤 10-3
創造專屬的主題標籤 10-5
精準運用更多的標籤 10-6

粉絲 hashtag 掏錢祕訣 10-7

　不可不知的熱門標籤字 10-8

　透過主題標籤辦活動 10-10

11　限時動態的秒殺拉客錦囊

超暖心的限時動態功能 11-2

　立馬享受限時動態 11-3

　儲存 / 刪除限時動態 11-5

　限時訊息悄悄傳 11-6

　插入動態插圖 11-7

限時動態業績增加心法 11-8

　票選活動或問題搶答 11-8

　商家資訊或外部購物商城 11-10

　IG 全方位網紅直播 11-11

　抓住 3 秒內行銷全世界的眉角 11-13

　合成相片 / 影片的巧思 11-14

　典藏限時動態 11-14

　新增精選動態 11-16

　編輯精選動態封面 11-18

　精選限時動態再利用 11-20

　已發佈貼文新增到限時動態 11-21

12　Instagram 與 Facebook 雙效行銷

個人 FB 簡介中加入 IG 社群按鈕 12-2

將現有 IG 帳號新增到 FB 粉絲專頁中 12-3

IG 限時動態 / 貼文分享至 Facebook 12-4

將 IG 舊有貼文分享到臉書社群 12-6

13 付費廣告宣傳報你知

刊登 IG 廣告做宣傳 13-2

　IG 的廣告版位 13-2

　IG 的四種廣告類型 13-3

　刊登 IG 廣告 13-7

刊登臉書廣告做宣傳 13-9

　廣告計價方式 13-10

　廣告版面位置 13-11

　常用的廣告規格與用途 13-12

　付費刊登廣告 13-16

　依行銷目標快速刊登廣告 13-18

　付費刊登「加強推廣貼文」 13-19

　建立自訂廣告受眾 13-21

增強廣告效益的四大祕訣 13-21

1

不用花大錢，
小品牌也能痛快行銷

#行銷至尊，寶刀 FB，IG 不出，誰與爭鋒

#社群行銷的入門黃金課

#社群行銷的四種贏家攻略

#品牌行銷的社群實戰集客祕笈

#社群行銷的番外加強版

 讚　　　　　　　　 留言　　　　　　　　分享

行銷至尊，寶刀 FB，IG 不出，誰與爭鋒

時至今日的生活已經離不開網路，網路正是改變一切的重要推手，而與網路最形影不離的就是「社群」。社群的觀念可從早期的 BBS、論壇、部落格，及後發展至今的 Plurk（噗浪）、Twitter（推特）、Pinterest、Instagram、微博和 Facebook，這些社群應用程式主導了整個網路世界中人跟人的對話，網路傳遞的主控權快速移轉到網友手上。例如臉書（Facebook）在 2018 年底時全球使用人數已突破 25 億，它的出現令民眾生活型態有了不少改變。

> 👍 TIPS　打卡（在臉書上標示所到之處的地理位置）已經是普遍的現象，透過臉書打卡與分享照片，讓周遭朋友獲悉個人曾去過的地方和近況。由於去到哪裡都在打卡，也讓經營店家取得提高曝光度的機會，例如餐廳給來店消費打卡者折扣優惠，利用粉絲團商店增加品牌業績 ... 等。

隨著社群行銷技術發展的日趨成熟，企業可以利用較低的成本，開拓更廣闊的市場，社群行銷已是銳不可擋的趨勢，2018 年市長選舉的選戰聲勢也是率先從臉書社群和 YouTube 影音社群上展開，接著再和以正色敢言著稱，並擁有大批粉絲的網紅合作直播，利用網路與社群空戰行銷，累積了聲量與聲勢。

🛜 社群行銷活動已經和人們的日常生活形影不離

🛜 韓國瑜先生藉由社群行銷扭轉了高雄市長的選舉

社群行銷的入門黃金課

由於社群網路服務具有互動性，透過社群力量，能夠把行銷的內容與訊息擴散給更多人看到，讓大家在共同平台上快速溝通與交流，並將想要行銷品牌的最好面向展現在粉絲面前。比起一般傳統廣告，現在的消費者更相信朋友的介紹或是網友的討論，根據統計，約有 88% 的消費者會被其他消費者的意見或評論所影響，顯示 C2C（消費者對消費者）的力量愈來愈大。

> **TIPS** 消費者對消費者（consumer to consumer, C2C）係指透過網際網路交易與行銷的買賣雙方都是消費者，由客戶直接賣東西給客戶，網站則是抽取單筆手續費。每位消費者可以透過競價得到想要的商品，就像是常見的傳統跳蚤市場。

隨著越來越多網路社群提供了行動版的行動社群 App，使得平常使用社群媒體的用戶慢慢減少對桌機（PC）的依賴，透過手機使用社群的人口成長數，形成了行動社群網路（mobile social network）。這種消費者習慣改變的結果，讓行銷也具備快速擴散及傳輸便利特性，有許多小型店家與品牌在

SoLoMo（Social、Location、Mobile）模式中趨勢而起，社群行銷逐漸在行銷應用服務的領域中受到矚目性地討論，可說是若能好好利用社群媒體，不用花大錢，小品牌也能在市場上佔有一席之地。

> **TIPS** SoLoMo 模式是由 KPCB 合夥人 John Doerr 在 2011 年提出的趨勢概念，強調「在地化的行動社群活動」，主因是受到行動裝置的普及和無線技術的發展，讓顧客同時受到社群（Social）、行動裝置（Mobile），以及本地商店資訊（Local）的影響，故稱為 SoLoMo 消費者。

神奇的六度分隔理論

社群成為 21 世紀的主流媒體，從資料蒐集到消費，人們透過這些社群作為全新的溝通方式，這項網路獨有的生態，可聚集共同話題、興趣及嗜好的社群網友，並與特定族群討論話題，達到交換意見的效果。社群服務的核心在於透過提供有趣的內容與訊息，讓身處其中的人們在分享資訊，相互交流間產生了依賴與歸屬感。例如美國總統川普向來愛發推特，推文常常引來各界注意，而在總統選戰中成功影響了成千上萬的網民。

美國總統川普經常在推特上發文表達政見

「社群」最簡單的定義，可以看成是一種由節點（node）與邊（edge）所組成的圖形結構（graph）。其中節點所代表的是人，邊所代表的是人與人之間相互連結的各種關係，新的使用者成員會產生更多的新連結，節點之間的邊在定義上具有彈性，甚至於允許節點間具有多重關係。整個社群的生態系統就是一個高度複雜的圖表，交織出許多錯綜複雜的連結，整個社群所帶來的價值就是每個連結創造出個別價值的總和，進而形成連接全世界的社群網路。

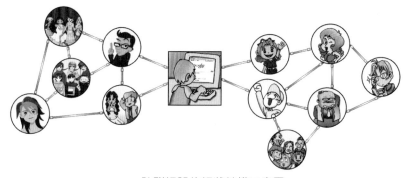

📶 社群網路的網狀結構示意圖

社群網路服務（Social Networking Service, SNS）的核心在於透過提供有價值的內容與訊息，讓社群中的人們彼此分享資訊，並在相互交流間產生依賴與歸屬感。由於網路服務具有互動性，除了幫助使用者認識新朋友，還可以利用「按讚」、「分享」與「評論」等功能，對感興趣的資訊與朋友們互動，進而在共同平台上，經營管理自己的人際關係，甚至把店家或企業行銷的內容與訊息擴散給更多人看到。

社群網路服務（SNS）就是 Web 體系下的一個技術應用架構，來自於哈佛大學心理學教授 Stanely Milgram 所提出的**六度分隔理論（Six Degrees of Separation）**運作。這個理論主要是說在人際網路中，要結識任何一位陌生的朋友，中間最多只要透過六個朋友就可以。從內涵上講，就是社會型網路社區，即社群關係的網路化。通常 SNS 網站都會提供許多方式讓使用者進行互動，包括聊天、寄信、影音、分享檔案、參加討論群組等等。

📶 大陸碰碰明星網社群網站

美國影星 Will Smith 曾演過一部電影 *Six Degrees of Separation*，劇情是描述 Will Smith 為了想要實踐六度分隔的理論而去偷了朋友的電話簿，並進行冒充的舉動。簡單來說，這個世界是緊密相連著的，只是人們察覺不出來，地球就像 6 人小世界，假如你想認識美國總統，只要找到對的人，在 6 個人之間就能得到連結。隨著全球行動化與資訊的普及之下，預測這個數字還會下降，根據 Facebook 與米蘭大學所做的研究顯示，六度分隔理論已經走入歷史，現在是「四度分隔理論」。

惺惺相惜的同溫層效應

社群網路本質是一種描述相關性資料的圖形結構，且會隨著時間演變成長，網路社群代表著一群群彼此互動關係密切且有著共同興趣的用戶，當用戶人數越來越多，正反面訊息也容易透過社群予以傳播，而提升該社群的活躍度與影響力。到了網路虛擬世界，群體迷思會更加凸顯，個人往往容易受到**同溫層（stratosphere）**效應的影響。

「同溫層」所揭示的是心理與社會學上的問題。美國學者 Cass Sunstein 表示：「雖然上百萬人使用網路社群來拓展視野，同時也可能建立起新的屏障，不過還是有不少人卻反其道而行，積極撰寫與發表個人興趣及偏見，使其生活在同溫層中。」亦即與我們生活圈接近且互動頻繁的用戶，通常同質性高，所獲取的資訊也較為相近，較願意接受與自己立場相近的觀點，對於不同觀點的事物，則選擇性地忽略，進而形成一種封閉的同溫層現象。

同溫層效應絕大部分也是和目前許多社群會主動篩選貼文內容有關，在社群運算法邏輯下，會透過用戶過去的偏好，推播與你相同或是相似的想法與言論，例如當用戶在社群閱讀時，往往傾向於點擊與自己主觀意見相合的訊息，而對相反的內容視而不見。加上或許不想接收網路上的所有資訊，變成只根據個人喜好來推送或接收不同訊息，包括花時間與自己立場相同的言論互動、只閱讀自己有興趣或喜歡的議題，這也意味你可能生活在社群平台為你建構的同溫層中。

▶ 社群行銷的宮心計

我們的生活受到行銷活動的影響既深且遠，行銷的英文是 Marketing，簡單來說，就是「開拓市場的行動與策略」，也就是在有限的企業資源下，盡量分配資源於各種行銷活動。Peter Drucker 曾經提出：「行銷（marketing）的目的是要使銷售（sales）成為多餘，行銷活動是要造成顧客隨時處於準備購買的狀態。」

網路行銷（Internet Marketing）或稱為數位行銷（Digital Marketing），由行銷人員將創意、商品及服務等構想，利用通訊科技、廣告促銷、公關及活動方式在網路上執行。簡單的說，就是指透過電腦及網路設備，在網際網路上從事商品銷售的行為，其本質和傳統行銷一樣，最終目的都是為了影響目標消費者（Target Audience），差別在於溝通工具不同。網路時代的消費者是流動的，行銷是創造溝通和傳達價值給顧客的手段，也是促使企業獲利的過程。

正所謂「顧客在哪、商人就在哪」，數位行銷的工具雖然多，但卻因成本考量而無法全數投入，故社群媒體便成為目前最廣泛使用的工具。尤其是剛成立的公司或小企業，沒有專職的行銷人員處理推廣的工作時，利用社群網路來行銷品牌與產品，絕對是店家必採用的方式。社群商務已經是無法抵擋的行銷趨勢，社群行為中最受到歡迎的功能，包括照片分享、位置服務、即時線上傳訊、影片上傳下載等功能，透過朋友間的串連、分享、社團、粉絲頁的高速傳遞，品牌與行銷資訊就有機會觸及更多的顧客。

🛜 星巴克相當擅長網路社群與實體店面的行銷整合

因此在社群商務的遊戲規則上，所有的「消費行為」都還是回歸「人」的本質，在這個「社群生態系」中發揮自己的優勢，藉以助長自身的流量，透過結合社群力量，把商業的內容與訊息擴散給更多人看到，因此更加入「人為驅動」，不再侷限產品本身，而是讓大家在共同平台上，彼此快速溝通與交流，將想要行銷品牌的最好的面展現在粉絲面前。

社群行銷的四種贏家攻略

社群商務真的有那麼大潛力嗎？這種「先搜尋，後購買」的商務經驗，正在以進行式的方式反覆上演，根據最新統計報告，有 2/3 美國消費者購買新產品時會先參考社群上的評論，且有 1/2 以上受訪者會因為社群媒體上的推薦而嘗試全新品牌。例如大陸熱銷的小米機幾乎完全靠口碑與社群行銷來擄獲大量消費者而成功。

小米的爆發性成長並非源於卓越的技術創新能力，而是在於透過培養忠於小米品牌的粉絲族群進行社群口碑式傳播，在線上討論與線下組織活動，分享交流使用小米的心得，讓小米手機剛推出就賣了數千萬支。

小米機成功運用社群贏取大量粉絲

企業想做好社群行銷，必須善用社群媒體的特性，運用參與感直接面對消費者，如小米機用經營社群，發揮口碑行銷的最大效能，使得小米品牌的影響力能夠迅速在市場上蔓延。社群商務已不是選擇題，而是企業品牌從業人員的必修課程，不同社群平台上面活躍的使用者也有著不一樣的特性，因此得先搞懂社群，再談建立死忠粉絲群，現在就來了解社群商務的四種贏家攻略。

▶ 分享是行銷的最終極武器

社群最強大的功能是社交，最大的價值在於這群人共同建構了錯綜複雜的人際網路，由於大家都喜歡在網路上分享與交流，因此企業如果重視社群的經營，除了能迅速傳達到消費族群，進而提高企業形象與顧客滿意度，還可透過消費族群分享到更多的目標族群裡，增加粉絲對品牌的喜愛度，更有利於聚集潛在客群帶動業績成長。

透過社群網路創造出影響力強大的互動平台，源自於網路上太多魚目混珠的商品參考資料，導致消費者開始不信任網路上的資訊，而期望從值得信任的社群網路圈中，取得熟悉粉絲對商品的評價。

例如在社群中分享客戶的小故事，或連結到官網及品牌社群網站等，因為親朋好友在社群網站上分享的產品訊息，絕對會比廠商付費的推銷文更容易吸引人。畢竟粉絲到社群是來分享心情，而不是來看廣告，商業性質太濃反而容易造成反效果，導致消費者放棄追蹤這個粉絲頁。

社群上的 iFit 愛瘦身粉絲團，可說是全台最大瘦身社群，更直接開放網站團購，後續並與廠商共同開發瘦身商品。受歡迎的原因在於，創辦人陳韻如小姐經常分享自己的瘦身經驗，除了將專業的瘦身知識以淺顯短文方式表達，強調圖文整合，穿插討喜的自製插畫，搭上現代人最重視的運動減重的風潮，著實讓粉絲感受到粉絲團的用心經營。如右圖所示是部落客 vivi.isafit，經常在 Instagram 上分享減肥計畫、訓練菜單和食譜，所以擁有眾多的粉絲。

▶ 多元選擇自己同溫層的社群

想要把社群上的粉絲都變成客人嗎？掌握平台特性也是個關鍵，由於社群媒體的用戶組成十分多元，觸及受眾也不盡相同，每個社群網站都有其所屬的主要客群跟使用偏好，在經營社群媒體前，最好清楚掌握各種社群平台的特性，才能針對不同社群平台提供專屬內容，盡力囊括各類客群，達到經營績效最大化。

選擇與自己品牌相同溫度的社群經營是品牌行銷最重要的前提，雖然市面上有那麼多不同的社群平台，但一開始仍建議避免都想分一杯羹的迷思，而是要找到品牌真正需要的平台，其關鍵就在於是否有清晰明確的定位，包括品牌的屬性、目標客群、產品及服務，再根據社群媒體不同的特性，訂定各個社群行銷策略。

例如 Twitter 雖然限制發文字數，不過有效、即時、講重點的特性在歐洲各國十分流行，而若想要經營好年輕族群，Instagram 就是在這波「圖像比文字更有力」的趨勢中，崛起最快的社群分享平台。此外，堪稱全球最大專業社群網站的 LinkedIn，其客群大多為較年長，且有求職需求者，常有的產業趨勢及專業文章，對於企業用戶會有事半功倍的效果。至於零散的個人消費者，推薦使用 Google 或 Facebook 都很適合，特別是 Facebook 能夠廣泛地連結到每個人生活圈的朋友跟家人。

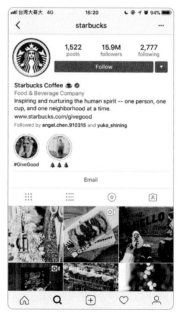

🛜 星巴克喜歡在 IG 上推出有故事的行銷方案

欲從事社群行銷，絕對不是只靠 SOP 式的發發貼文，就能夠吸引大批粉絲關心，社群媒體為了因應市場的變化，幾乎每天都在調整演算法，加上不同類型的社群平台相繼問世，已產生愈來愈多的專業分眾社群，想要藉由社群網站告知並推廣自家的企劃活動，則在擬定行動社群行銷策略時，就必須要注意「受眾是誰」、「用哪個社群平台最適合」。儘管行銷手法因為平台轉換有所差異，但購買行為是人性需求並不會改變，所以若決定要經營社群，就必須設法跟上各種社群的最新脈動。

例如在 Facebook 發文較適合走溫馨、實用與幽默的日常生活內容，多數使用者還是習慣以文字做為主要溝通與傳播媒介；而 Twitter 較適合簡短有力、一針見血似的短文型式；Pinterest 則是豐富的飲食、時尚、美容的最新訊息；Instagram 當然以圖像表現為主。這種針對目標族群的互動性馬上能有效提升，社群行銷時必須多多思考如何抓住口味轉變極快的社群，就能和粉絲間有更多更好的互動，才是成功行銷的不二法門。

🛜 Gap 透過 IG 發佈時尚潮流短片，帶來業績大量成長

▶ 熟悉衍生喜歡與信任

社群行銷成功的關鍵字不在「社群」而是「連結」！即使連結形式和平台不斷在轉換，消費者還是可以藉由行動裝置的緊密連結，與有相同愛好者分享訊息。因為網友的特質是「喜歡分享」、「相信溝通」，要做社群行銷，就要牢記不怕有人批評你，只怕沒人討論你的鐵律。店家要做的是贏取粉絲信任，過程中必須要不斷為議題找話題，創造同感和粉絲產生連結再連結，讓粉絲常常停下來看你的訊息，透過貼文的按讚和評論數量，來了解每個連結

的價值。因為這是與「人」相關的經濟，「熟悉衍生喜歡與信任」是廣受採用的心理學原理，進而提升粉絲黏著度，強化品牌知名度與創造品牌價值。

例如隸屬韓國 AMORE PACIFIC 集團的蘭芝（LANEIGE）品牌，主打具有韓系特點的保濕商品，其粉絲團在品牌經營的策略就相當成功，主要目標是培養與粉絲的長期關係，為品牌引進更多新顧客，務求變成每天都能跟粉絲聯繫與互動的平台，這就是增加社群歸屬感與黏著性的好方法，像是有專人到粉絲頁維護留言，將消費者牢牢攬住。

蘭芝懂得利用社群來培養網路小資女的黏著度

▶ 行銷內容一定要有梗

社群行銷本身就是一種商務與行銷過程，也是創造分享的口碑價值的活動，身處社群經濟時代，因為行動科技的進展，受眾的溝通形式不斷改變，除了依靠社群連結的力量，更要用力從內容下手。許多人做社群行銷，經常只顧著眼前的業績目標，妄想要一步登天式的成果，忘了經營社群網路需要一定的時間與耐心，而行銷更需要無限創意，建立有梗的內容才能在社群世界脫穎而出，例如創造分享口碑價值的活動，目標是想辦法激發粉絲有初心來使用推出的產品。

統一陽光豆漿結合歌手以 MV 影片行銷產品

社群行銷高手都知道要建立產品信任度需要極大的努力，首先需將欲推廣的產品宣傳至某程度的知名度，接著把產品訊息置入互動的內容，利用口碑、邀請、推薦和分享，在短時間內提高曝光率，引發社群的迴響與互動，潛移默化中把粉絲變成購買者，形成現有顧客吸引未來新顧客的傳染效應。

「大堡礁島主」活動就是一種UGC行銷

> **TIPS** 使用者創作內容（**User Generated Content, UGC**）行銷是代表由使用者來創作內容的一種行銷方式，這種聚集網友創作來內容，可以看成是由品牌設立短期的行銷活動，觸發網友的積極性，去參與影像、文字或各種創作的熱情，使廣告不再只是廣告，不僅能替品牌加分，也讓網友擁有表現自我的舞台，讓每個參與的消費者更靠近品牌。

品牌行銷的社群實戰集客祕笈

社群行銷不只是一種網路商務工具的應用，還能促進真實世界的銷售與客戶經營，並能夠提升黏著度、強化品牌知名度與創造品牌價值，社群行銷儼然已經是門顯學，近年來更成為一個熱詞進入越來越多商家與專業行銷人的視野。

🛜 許多默默無名的品牌透過社群行銷而爆紅

所謂品牌（Brand）就是一種識別標誌，也是企業價值理念與商品品質優異的核心體現。品牌甚至已經成長為現代企業的寶貴資產，我們可以形容：品牌就是代表店家或企業對客戶的一貫承諾，最終目的不只是追求銷售量與效益，而是重新思維與定位自身的品牌策略，最重要的是要能與消費者引發「品牌對話」的效果。過去企業對品牌常以銷售導向做行銷，忽略顧客對品牌的定位認知跟了解，隨著目前社群的影響力愈大，培養和創造品牌的過程將會是不斷創新的過程。

例如蝦皮購物平台在進行社群行銷的終極策略是「品牌大於導購」，有別於一般購物社群把目標放在導流上，他們堅信將品牌建立在顧客的生活中，讓品牌在大眾心目中有好印象才是現在的首要目標。社群品牌行銷要成功，首先要改變傳統思維，成功的關鍵在於與客戶建立連結，所謂「戲法人人會變，各有巧妙不同」，準備開始經營你的社群了嗎？先來瞧瞧社群品牌行銷的四大集客心法。

▶ 一擊奏效的品牌定位原則

企業所面臨的市場就是一個不斷變化的環境，加上消費者越來越精明，因此我們要了解並非所有消費者都是目標客戶，企業必須從目標市場需求和市場行銷環境的特點出發，特別要聚焦在目標族群，透過環境分析階段了解自身所處的市場位置，對於不同的目標受眾，必須準備多個廣告活動因應，再透過社群行銷規劃競爭優勢與精準找到目標客戶。

東京著衣所創下的網路世界傳奇，以平均 20 秒就能賣出一件衣服的速度，獲得網拍服飾業中排名第一，主因就是做到了成功的市場區隔策略。東京著衣的策略是以台灣與大陸的年輕女性欲追求大眾化時尚流行的平價衣物為主。行銷的初心在於不是所有消費者都有能力去追逐名牌，許多年輕族群希望能夠以低價買到物超所值的服飾。而大部分年輕使用者會選擇更具個人空間的社群平台，因此東京著衣便以臉書與 IG 作為主要的社群行銷平台，刊登以不同單品搭配出風格多變的精美造型圖片，讓大家用平價實惠的價格買到喜歡的商品，更進一步採用「大量行銷」來滿足大多數女性顧客的需求。

🛜 可口可樂在 IG 視覺化品牌行銷上非常用心經營

🛜 東京著衣經常透過臉書與粉絲交流

▶ 打造粉絲完美互動體驗

「做社群行銷就像談戀愛，多互動溝通最重要！」當店家或品牌靠社群力量吸引消費者來購買，一定要掌握雙向溝通的原則，「互動」才是社群行銷真正的精髓所在，與粉絲們的互動，其實就跟交朋友一樣，從共同話題開始肯定會是萬無一失的方法！

很多店家開始時都將目標放在大量的追蹤者，卻忘了缺乏互動的追蹤者，對品牌是沒有益處的。如同日常生活中的朋友圈，社群上的用語要人性化，才顯得真誠有溫度，因為他們很想知道答案才會發問，回答粉絲的留言要將心比心，用心回覆訪客貼文是提升商品信賴感的方式，所以只要想像自己有疑問時，希望得到什麼樣的回答，就要用同樣的態度回覆留言。由於貼文的內容是要吸引粉絲的注意，當然不能一直推銷自家產品比別人好，粉絲絕對不是為了買東西而使用社群，也不是為了撿便宜而對某一主題按讚，建議要像是與好朋友講話一般，讓讀者感到被尊重，進而提升對品牌的好感，產生購買的機會和衝動。

例如 Instagram 是以視覺圖像為主軸，IG 的每則貼文都能帶給粉絲視覺的感動與衝擊，若只單純地放上企業資訊，要成功的機率並不高，因此必須避免直接明示產品或服務；若是能使用圖片說故事的形式，將更容易讓粉絲引起共鳴。

🛜 知名品牌也需要學習與粉絲互動

🛜 麥當勞的風格都是以歡樂、溫馨、童心為主的暖色系

▶ 瞬間引爆的社群連結技巧

我們知道社群平台是依靠行動裝置而壯大，Facebook、Instagram、LINE、Twitter、SnapChat、YouTube 等各大社群媒體已經離不開大家的生活，進行社群行銷之前必須找到自己與消費者最適合的溝通平台。由於所有行銷的本質都是「連結」，對於不同受眾來説，需要以不同平台進行推廣，因為各個平台間的互相連結，能讓消費者討論熱度和延續的時間更長，理所當然成為推廣品牌最具影響力的管道。

每個社群都有它獨特的功能與特點，社群行銷往往都是因為「連結」而提升，建議各位可到上述的各個社群網站都加入會員，了解顧客需求並實踐顧客至上的服務，只要有行銷活動就將訊息張貼到這些社群網站，或是讓這些社群相互連結，不過切記從內容策略到受眾規劃都必有所不同，不要一成不變投放重複的資訊，才能受到更多粉絲關注。只要連結的夠成功，「轉換」就變成自然而然，還可增加網站或產品的知名度，大量增加商品的曝光機會，讓許多人看到你的行銷內容並產生興趣，最後採取購買的行動。

▶ 競品分析研究與追蹤行銷成效

「知己知彼，百戰百勝」，競品分析就是研究目前自己對有威脅性的對手，以了解競爭對手的動態和做法，並藉機會了解目前產業情況和趨勢。「創意」人人都會説，但不能只從「自家」的角度去思考，因此行銷人員可利用 SWOT 作為分析企業競爭對手與行銷規劃的基礎架構，以作為社群行銷時著力的策略與方向。

> 👍 **TIPS** SWOT 分析（**SWOT Analysis**）是由麥肯錫顧問公司所提出，又稱為態勢分析法，是一種策略性規劃分析工具。當使用 SWOT 分析架構時，面對的四個構面分別是企業的優勢（Strengths）、劣勢（Weaknesses）、與外在環境的機會（Opportunities）和威脅（Threats）。

漢堡王很擅長利用臉書等社群，提高忠誠消費者好感度，長期以來漢堡王在廣告策略上都會有意無意「嗆」一下市場龍頭麥當勞，例如以分店的數量相比，漢堡王是遠低於麥當勞的，因此漢堡王針對麥當勞的弱點是對於成人市場的行銷與產品策略不夠，而打出麥當勞是青少年的漢堡，改而主攻成人與年輕族群的市場，配合大量的社群行銷策略，喊出成人就應該吃漢堡王的策略，以此區分出與麥當勞全然不同的目標市場，不但創造話題又提高銷量。

消費者洞察（consumer insight）是很重要的行銷利器之一，在臉書粉絲專頁的「洞察報告」中，就有「觀察對手專頁」的功能，

漢堡王與麥當勞在臉書社群經營上做出差異

可以讓你將粉絲專頁的貼文成效與類似的粉絲專頁成效進行比較，以便了解競爭對手的粉絲數或追蹤數量、發文頻率、發佈的貼文類型、如何和粉絲互動或回饋…等，都是提供你訂定行銷內容的參考。

臉書粉絲專頁中，也有提供「觀察對手專頁」的功能

社群行銷的模式千變萬化，沒有所謂最有效的方法，只有適不適合的策略，社群行銷常被認為是較精準的行銷，例如 Facebook 平台具備全世界最精準的分眾（Segmentation）行銷能力，分眾功能就是藉由多采多姿的社團與粉絲專頁來達成，更是長尾理論（The Long Tail）的具體呈現。

> 👍 **TIPS** Chris Anderson 於 2004 年率先提出**長尾效應**（**The Long Tail**）的現象，也顛覆了傳統以暢銷品為主流的觀念。由於實體商店都受到 80/20 法則理論的影響，多數店家都將主要資源投入在 20% 的熱門商品（big hits）。然而全球化市場的來臨，過去在統計圖上像尾巴一樣的小眾商品，在眾多小市場匯聚下，形成可與主流大市場相匹敵的市場能量，成為具備意想不到的大商機，足可與最暢銷的熱賣品匹敵。

由於它是所有媒體中極少數具有「可被測量」特性的新媒體，可以透過各種不同方式來進行轉換評估，在網路上只有量化的數據才是數據，店家可以透過分析數據，看見社群行銷的績效與粉絲團經營數據分析，進而輔助調整產品線或創新服務的拓展方向。

行銷當然不可能一蹴可幾，任何行銷活動都有其目的與價值存在，如果我們花費大量金錢與時間來從事社群行銷，進而希望提高網站或產品曝光率，當然要研究與追蹤社群行銷的效果。例如可以透過 Google Analystics 或臉書的洞察報告等免費分析工具，提供廠商追蹤使用者的詳細統計數據，包括流量、不重複使用者（Unique User, UU）、下載量、停留時間、訪客成本和跳出率（Bounce rate）、粉絲數、追蹤數與互動率等。

> 👍 **TIPS** **不重複使用者**（**Unique User, UU**）指的是網站在一段指定的時間之內所獲得的不重複（只計算一次）訪客數目。**跳出率**（**Bounce Rate**）是指單頁造訪率，也就是訪客進入網站後在固定時間內（通常是 30 分鐘）只瀏覽了一個頁面就離開社群的次數百分比，這個比例數字越低越好，愈低表示你的內容抓住網友的興趣。

📷 社群行銷的番外加強版

談到行銷技巧的美感，就像藝術作品擁有無限的想像空間。網路時代迅速為社群應用帶來強大浪潮，企業與品牌必須思考社群行銷的創意整合策略，就像一件積木堆成的藝術作品，單一的行銷工具無法達成強力導引消費者到店

家或品牌的目的，必須依靠與配合更多數位行銷技巧。各種行銷工具就像是樂高積木有不同大小與功能，一個好的積木作品之所以創作成功，不會只單靠一種類型的積木就能完成，而行銷除了找到對的目標族群，還必須結合熱門數位技巧，才能同時為品牌社群行銷帶來更多可能性，以下將介紹藏在成功品牌背後的行銷番外加強攻略。

▶ 病毒式行銷

病毒式行銷（Viral Marketing） 倒不是設計電腦病毒造成主機癱瘓，它是利用一個真實事件，以「奇文共賞」的模式分享給周遭朋友，在數位世界裡，每個人都是一個媒體中心，可以快速的自製並上傳影片、圖文，行銷如病毒般擴散，並且一傳十、十傳百地快速轉寄這些精心設計的商業訊息，病毒行銷要成功，關鍵是內容必須在「吵雜紛擾」的網路世界脫穎而出，才能成功引爆話題。

例如網友自製的有趣動畫、視訊、賀卡、電子郵件、電子報等形式，其實都是很好的廣告作品，如果商品或這些商業訊息具備感染力，傳播速度之迅速，實在難以想像。由於口碑推薦會比其他廣告行為更具說服力，例如當觀眾喜歡一支廣告，且認為討論、分享能帶來社群效益，病毒內容才可能擴散，同時也會帶來人氣。簡單來說，兩個功能差不多的商品放在消費者面前，只要其中一個商品多了「人氣」的特色，消費者就容易有了選擇的依據。

2014 年由美國漸凍人協會發起的冰桶挑戰賽，就是一個善用社群媒體來進行病毒式行銷的活動。這次的公益活動是為了喚醒大眾對於肌萎縮側索硬化症（ALS），俗稱漸凍人的重視，挑戰方式很簡單，志願者可以選擇在自己頭上倒一桶冰水，或是捐出 100 美元給漸凍人協會。除了被冰水淋濕的畫面，滿足人們的感官樂

🛜 臉書創辦人祖克柏也參加 ALS 冰桶挑戰賽

趣，加上活動本身簡單、有趣，並獲得不少名人加持，讓社群討論、分享、甚至參與這個活動變成一股潮流，不僅表現個人對公益活動的關心，也和朋友多了許多聊天話題。

▶ 飢餓行銷

稀少訴求（scarcity appeal）在行銷中是經常被使用的技巧，**飢餓行銷**（Hunger Marketing）是以「賣完為止、僅限預購」的稀少訴求來創造行銷話題，「先讓消費者看得到但買不到！」製造產品一上市就買不到的現象，利用顧客期待的心理進行商品供需控制的手段，促進消費者購買該產品的動力，讓消費者覺得數量有限而不買可惜。許多產品的爆紅是一場意外，例如前幾年在超商銷售的日本「雷神」巧克力，吸引許多消費者瘋狂搶購，就連到日本玩，也會把貨架上的雷神全部掃光，一時之間成為最紅的飢餓行銷話題。

🛜 雷神巧克力是充分運用飢餓行銷的經典範例

還有大陸熱銷的小米機也是靠社群＋飢餓行銷模式，小米藉由數量控制的手段，每每在新產品上市前與初期，都會刻意宣稱產量供不應求，藉此營造較高的曝光率，使得新品剛推出就賣了數千萬台，這就是利用「缺貨」與「搶購熱潮」瞬間炒熱話題，在小米機推出時的限量供貨被秒殺開始，刻意在上市初期控制數量，維持米粉的飢渴度，造成民眾瘋狂排隊搶購熱潮，促進消費者追求該產品的動力，直到新聞話題炒起來後，就開始正常供貨。

🔘 原生廣告

隨著消費者行為對於接受廣告自主性為越來越強，除了對大部分的廣告沒興趣之外，也不喜歡那種感覺被迫推銷的心情，反而讓廣告主得不到行銷的效果，如何讓訪客瀏覽體驗時的干擾降到最低，盡量以符合網站內容不突兀形式出現，一直是廣告業者努力的目標。**原生廣告（Native advertising）**就是近年受到熱門討論的廣告形式，主要呈現方式為圖片與文字描述，不再守著傳統的橫幅式廣告，而是圍繞著使用者體驗和產品本身，可以將廣告與網頁內容無縫結合，讓消費者根本沒發現正在閱讀一篇廣告，點擊率通常是一般顯示廣告的兩倍。

原生廣告不論在內容型態、溝通核心，或是吸睛度都有絕佳的成效，改變以往中斷消費者體驗的廣告特點，亦即那些你一眼就能看出是廣告的廣告，就不能算是原生廣告。轉而融入消費者生活，讓瀏覽者不容易發現自己正在看的其實是一則廣告，目的就是為了要讓廣告「不顯眼」（unobtrusive），卻能自然地勾起消費者興趣。例如生產蜂膠、奶粉的易而善公司就成功透過社群原生廣告，讓用戶在電腦或行動裝置上看到廣告，就可立即點擊、並以電話索取體驗包，試用滿意再購買。

🛜 易而善公司的行動原生廣告讓業績開出長紅

原生廣告不中斷使用者體驗，提升使用者的接受度，效果勝過傳統橫幅廣告，是目前社群廣告的趨勢。例如透過與地圖、遊戲等行動 App 密切合作客製的原生廣告，能夠有更自然的呈現，像是 Facebook 與 Instagram 廣告與贊助貼文，天衣無縫將廣告完美融入網頁，或者 LINE 官方帳號也可視為原生廣告的一種，由用戶自行選擇是否加入該品牌官方帳號，自然會增加消費者對品牌或產品的黏度，在不知不覺中讓消費者願意點選、閱讀並主動分享，甚至刺激消費者的購買慾。

LINE 官方帳號也可視為原生廣告的呈現方式

電子郵件與電子報行銷

電子郵件行銷（Email Marketing）是許多企業喜歡的行銷手法，雖然已不是新的行銷手法，但卻是跟顧客聯繫感情不可少的工具，例如將含有商品資訊的廣告內容，以電子郵件的方式寄給不特定的使用者，也算是一種「直效行銷」。隨著行動科技越來越發達，越來越多人會使用行動裝置來瀏覽信件匣，根據統計有高達 68％的人會使用行動裝置來收發電子郵件，在社群行銷盛行的今天，全球電子郵件每年仍以 5％ 的幅度持續成長中。例如 7-ELEVEn 網站常常會為會員舉辦活動，利用折扣或是抽獎等誘因，讓會員樂意經常接到 7-ELEVEn 的產品訊息郵件，或者能與其他媒介如社群平台和簡訊整合，是消費者參與互動最有效的管道。

遊戲公司經常利用電子報與玩家互動

電子報行銷（**Email Direct Marketing**）也是屬於主動出擊的行動行銷戰術，目前電子報行銷依舊是企業經營老客戶的主要方式，多半是由使用者訂閱，再經由信件或網頁的方式來呈現行銷訴求。由於電子報費用相對低廉，加上可以追蹤，節省了行銷時間及提高成交率。電子報行銷的重點是搜尋與鎖定目標族群，缺點是並非所有收信者都會有興趣去閱讀電子報，因此所收到的廣告效益往往不如預期。

電子報的發展歷史已久，然而隨著時代改變，使用者的習慣也改變了，如何提升店家電子報的開信率，成效就取決於電子報的設計和規劃，在打開電子報時能擁有良好的閱覽體驗，加上運用和讀者對話的技巧，吸引讀者的注意。設計社群電子報的方式也必須有所改變，必須讓電子報在不同裝置上，都能夠清楚傳達訊息，點擊電子報之後的到達頁（Landing Page）也應該要能在行動裝置上妥善顯示。常被用來提升轉換率的行動呼籲鈕，更是要好好利用，是整封電子報相當重要的設計，它能讓收信者進而點開電子報閱讀。

▶ 網紅行銷

在行動裝置時代來臨之後，越來越多的素人走上社群平台，虛擬社交圈更快速取代傳統銷售模式，為各式產品創造龐大的銷售網絡，素人形成的網紅也成了各大品牌常用的行銷手法。

網紅行銷（**Internet Celebrity Marketing**）並非全新的行銷模式，它其實就像品牌找名人代言，將產品與名人相結合來提升本身品牌價值，例如過去的遊戲產業很喜歡用代言人策略，每套新遊戲總是要找個明星來代言，好處是保證有一定程度以上的曝光率，不過這樣的成本花費，也必須考量到預算與投資報酬率，然而藉由網紅的推薦可以讓廠商業績翻倍，素人網紅在目前的社群平台似乎更具說服力，逐漸地取代過去以明星代言的行銷模式。

阿滴跟滴妹國內是英語教學界的網紅

由於社群平台在現代消費過程中已扮演不可或缺的角色，在網紅經濟的盛行下，許多品牌選擇借助網紅來達到口碑行銷的效果，網紅通常在網路上擁有大量粉絲群，平常生活中就和你我一樣，但在網路世界中加上了與眾不同的獨特風格，很容易讓粉絲就產生共鳴，進而成為人們生活中的指標。

過去民眾在社群軟體上所建立的人脈和信用，如今成為可以讓商品變現的行銷手法，不推銷東西的時候，平日是粉絲的朋友，做生意時成為網路商品的代言人，而且可以向消費者傳達更多關於商品的評價和使用成效。這股由粉絲效應所衍生的現象，能夠迅速將個人魅力做為行銷訴求，利用自身優勢快速提升行銷有效性，充分展現了社群文化的蓬勃發展。

網紅行銷的興起對品牌來說是個絕佳的機會點，因為社群持續分眾化，現在的人是依照興趣或喜好而聚集，所關心或想看內容也會不同，網紅就代表著這些分眾社群的意見領袖，反而容易讓品牌迅速曝光，並找到精準的目標族群。他們可能意外地透過偶發事件爆紅，也可能經過長期的名聲累積，企業想將品牌延伸出網紅行銷效益，除了網紅必須

張大奕是大陸知名的網紅代表，代言身價直追范冰冰

在社群平台上必須具有相當人氣外，還要能夠把個人品牌價值轉化為商業品牌價值，最好還能透過內容行銷來對粉絲產生深度影響，才能有說服力來帶動銷售。

MEMO

2

讓玩家掏心的
臉書行銷入門

#打造臉書行銷新藍圖

#上傳相片與標註人物

#一學就會的直播行銷

 讚　　　　　　留言　　　　　　分享

Facebook 簡稱為 FB，中文名為臉書，是目前最熱門且擁有最多會員數的社群網站，也是眾多社群網站中，最為廣泛地連結每個人日常生活圈朋友和家庭成員的社群。許多人每天一睜開眼就先連結臉書，關注朋友們的最新動態，或是透過朋友的分享也能從中獲得更多更廣泛的知識，包括此社群平台提供各種應用程式，不管是遊戲或心理測驗，除了自己玩得開心，也可以和朋友一起玩，拉高朋友之間的互動率。

想玩遊戲，由臉書右側按下「更多」鈕，有更多遊戲可以選擇

自從 2009 年 Facebook 在臺灣火熱流行之後，小自賣雞排的攤販，大至知名品牌、企業的大老闆，都開始在 Facebook 上設置與經營粉絲專頁（Fans Page），並透過打卡與分享照片，讓周遭朋友獲悉個人曾去過的地方和近況。

打造臉書行銷新藍圖

建立 Facebook 新帳號其實很簡單，首先要有一個電子郵件帳號（Email），也可以使用手機號碼作為帳號，接著啟動瀏覽器，於網址列輸入 Facebook 網址（https://www.facebook.com/r.php），就會看到如下的網頁，請在「建立新帳號」處輸入姓氏、名字、電子郵件或手機電話號碼、密碼、出生年月日、性別等各項資料，完成後按下「註冊」鈕，再經過搜尋朋友、基本資料填寫與大頭貼上傳，就能完成註冊程序。

1. 新會員由此輸入個人基本資料　**2.** 按下「註冊」鈕完成註冊程序

Facebook 為個人使用，並不允許共同帳號，所以在申請帳號時，Facebook 要求所有的會員必須使用平常使用的姓名，或是朋友對會員的稱呼。如果使用了非「系統認定」的本名或雙疊字就會遭到警告，申請時務必要建立真實的身分，避免遭停權。

擁有 Facebook 的會員帳號後，任何時候就可以在首頁輸入電子郵件 / 電話和密碼，按下「登入」進行登入。而同一部電腦如果有多人共同使用，在註冊為會員後也可以直接按大頭貼登入會員帳號。

也可以按下大頭貼登入　　　會員由此輸入帳號和密碼登入

如果各位正在煩惱如何吸引更多粉絲加入，別著急！我們將陸續介紹臉書中可以運用在社群行銷商品或理念的相關功能。由於臉書功能更新速度相當快，如果想即時了解各種新功能的操作說明，可以在臉書底端按下「使用說明」的連結，進入下圖的說明頁面，即可搜尋要查詢的問題，並且看到大家常關心的熱門主題：

動態消息

對社群行銷來說，動態消息當然是重要的曝光管道，店家可以將貼文、圖片、視訊…等，與店家相關的促銷活動或資訊快速傳播出去，每次準備在動態消息上分享產品或行銷的訊息時，必須認真思考粉絲「當下使用手機時會想看到什麼內容？」，透過朋友間的分享和連結，從粉絲角度來挑選每次的題材，並且善用群發及動態消息，達到擴散社群媒體的影響力，不但可以快速提高商家的知名度和曝光率，還可以將顧客導引至店面來消費，增加實體的業績。

Facebook 官方解釋，動態消息的目的就是讓使用者看見與自己最相關的內容，動態消息上的行銷訊息也能在好友們的近況動態中發現，且能透過按讚及分享觸及到好友以外的客群，而達到行銷到朋友的朋友圈中，迅速擴散您的行銷商品訊息或特定理念。

動態消息區可建立貼文、上傳相片 / 影片、或做直播

新的「動態消息」可以讓各位直接由下方的圖鈕點選背景圖案，讓貼文不再
單調空白，而按下右側的 BB001 鈕還有更多的背景底圖可以選擇。

1. 選取背景圖案

2. 輸入文字內容

按此鈕有更多的
底圖可以選用

3. 按「發佈」
鈕發佈貼文

希望每次開啟臉書時，都能將關注對象或粉絲專頁的動態消息呈現出來，搶
先觀看而不遺漏，這裡我們透過「動態消息偏好設定」的功能來自行決定。

請由視窗右上角按下 ▨ 鈕，下拉選擇「動態消息偏好設定」指令，接著在
「偏好設定」視窗中點選「排定優先查看的對象」，再於不想錯過的對象上

按下左鍵，大頭貼的右上角就會出現藍底白星的圖示 ⭐ ，依序設定後，動態消息頂端就會隨時顯現這些朋友的貼文。

如果不想追蹤朋友或粉絲專頁，可以點選「取消追蹤用戶以隱藏其貼文」來取消追蹤

▶ 新增相機

在「圖像比文字更有力」的社群趨勢中，假使拍攝的相片不夠漂亮，將很難吸引用戶們的目光，若能將自己用心拍攝的圖片加上貼文發至行銷活動中，對於提升粉絲的品牌忠誠度有相當的幫助。根據官方統計，臉書上最受歡迎、最多人參與的貼文中，高達 90% 以上是相片式貼文。Facebook 內建的「相機」功能包含數十種的特效，讓用戶可使用趣味或藝術風格的濾鏡特效拍攝影像，像是邊框、面具、互動式特效…等，只需簡單的套用，便可讓照片充滿搞怪及趣味性。如下二圖所示：

同一人物，
套用不同的
特效，產生
的畫面效果
很難想像是
同一個人

欲使用手機上 Facebook 的「相機」功能，請在左上角按下 📷 鈕進入相機拍照的狀態。接著在螢幕下方切換到「一般」模式，按下 😊 鈕即可在螢幕下方選擇各種特效來套用，選定效果後按下 ⭕ 鈕就完成相片特效的拍攝。

顯示人物套用特效的結果

相片拍攝後，螢幕上方還提供三個按鈕，按 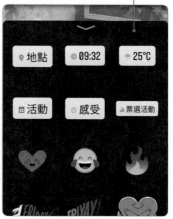 鈕可隨手塗鴉任何色彩的線條，Aa 鈕能使用打字方式加入文字內容，而按下 鈕還可加入貼圖、地點和時間，如右下圖所示：

由左而右依序為「貼圖」、「打字」、「塗鴉」等設定

可加入貼圖、地點、時間等物件

而螢幕下方提供「特效」、「儲存」、與「限時動態」按鈕。按下「特效」可繼續選擇加入不同的花邊樣式，「儲存」鈕則是將相片儲存到自己的裝置中，而「限時動態」則是發佈貼文後在 24 小時內自動消失。

▶ 限時動態

限時動態（Stories）功能相當受到年輕世代喜愛，它能讓 Facebook 的會員以動態方式來分享創意影像，跟其他社群平台不同之處是多了很多有趣的特效和人臉辨識互動玩法。這種限時消失功能源自於歐美年輕人喜愛的 SnapChat 社群平台，自推出以來，臉書限時動態每日經常用戶數已達到 1.5 億。限時動態功能會將所設定的貼文內容於 24 小時之後自動消失，除非使用者選擇同步將照片或影片發佈到塗鴉牆上，不然照片或影片會在限定的時間後自動消除。

相較於永久呈現在塗鴉牆的照片或影片，對於習慣刪文的使用者來說，應該更喜歡分享稍縱即逝的動態，對品牌行銷而言，限時動態不但已經成為品牌溝通重要的管道，因為是 24 小時閱後即焚的模式，會讓用戶更想去觀看「即刻分享當下生活與品牌花絮片段」的限時內容。各位想要發佈自己的「限時動態」，請在 Facebook App 上方找到如下所示的「新增到限時動態」，按下「+」鈕就能進入建立狀態，透過選擇圖庫照片或拍照方式來進行分享。

1. 按下此鈕新增限時動態

2. 由此視窗進行拍照或選取相片

▶ 聊天室與即時通訊 Messenger

一旦開啟臉書時，有哪些朋友已上線？從右下角的「聊天室」便可看得一清二楚。

已上線的臉書朋友都可由此窺知，目前顯示有 31 人上線

若看到相熟朋友正在線上，想打個招呼或進行對話，可直接從聊天室的清單中點選聯絡人，就能在開啟的視窗中即時和朋友進行訊息的傳送。

2. 開啟聯絡人視窗，由此輸入訊息或傳送資料

點選此處，可前往該網友的臉書進行瀏覽

1. 點選上線的聯絡人名稱

所開啟的臉書聯絡人視窗，除了由下方傳送訊息、貼圖或檔案外，欲再加朋友一起進來聊天、視訊、語音通話，都可從視窗上方點選。另外，按下「選項」🔧鈕，下拉選擇「以 Messenger 開啟」指令，也能開啟即時通訊視窗，讓各位專心地與好友進行訊息對話，而不受動態消息的干擾喔！

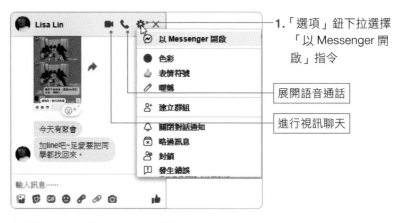

1.「選項」鈕下拉選擇「以 Messenger 開啟」指令

展開語音通話

進行視訊聊天

2. 開啟即時通訊視窗 Messenger

臉書的「Messenger」目前也是企業新型態行動行銷工具之一，相較於 EDM 或是傳統電子郵件，Messenger 發送的訊息更簡短且私人，是最能讓店家靈活運用的管道，像是設定客服時間，讓消費者直接在線上諮詢。

另外，從臉書首頁的左上方按下「Messenger」選項，也能進入 Messenger 的獨立頁面，點選聯絡人名稱即可進行通訊。

1. 點選「Messenger」

2. 點選朋友相片

由此可搜尋臉書上的其他朋友

3. 在此輸入訊息、傳送檔案、或貼圖

視窗左側會列出曾經與對你對話過的朋友清單，並可加入店家的電話和指定地址，如果未曾通訊過的臉書朋友，也可以在左上方的 🔍 處進行搜尋。在這個獨立的視窗中，不管聯絡人是否已上線，只要點選聯絡人名稱，就可以在訊息欄中留言給對方，當對方上臉書時自然會從臉書右上角看到「收件匣訊息」💬 鈕有未讀取的新訊息。另外，利用 Messenger 除了直接輸入訊息外，也可以發送語音訊息、直接打電話，或是視訊聊天，相當的便利。

語音訊息，按下「播放」鈕可聽到聲音

有新訊息未讀取，這裡會顯示

選擇語音通話或視訊聊天

當各位的臉書有行銷的訊息發佈出去，臉書上的朋友大都是透過 Messenger 來提問，所以經營粉絲專頁的人務必經常查看收件匣的訊息，對於網友所提出的問題務必用心的回覆，這樣才能增加品牌形象，提升商品的信賴感。

建立活動

想要招募新粉絲，辦活動應該是最快的辦法，臉書裡也可以為粉絲專頁舉辦活動或建立私人活動。建立的私人活動只有受邀的賓客才會看到這場活動，主辦人可以選擇讓賓客邀請其他人，據統計有 30% 的網友會按讚粉絲頁，原因只是想要參加活動。

1. 按下「建立」鈕

2. 下拉選擇「活動」

舉辦活動時可在左下圖的視窗中輸入活動名稱、地點、日期、與說明文字，再上傳相片或影片做為活動宣傳照，這樣就可讓朋友和粉絲們知道活動內容。如果在粉絲頁上建立活動，通常需要設定活動名稱、活動地點、舉辦的時間、以及活動相片，如果有更詳細的活動類型、活動說明、關鍵字介紹，或是需要購置門票等，也可以進一步做說明，這樣就可讓粉絲們知道活動內容。

建立私人活動

建立公開活動

▶ 設定朋友名單與群組

當朋友越加越多時,最好能將朋友群分類管理,以便決定分享的的對象,請從臉書左側點選「朋友名單」,即可看到預設朋友類別,或是按下「建立新名單」鈕來建立新的群組。

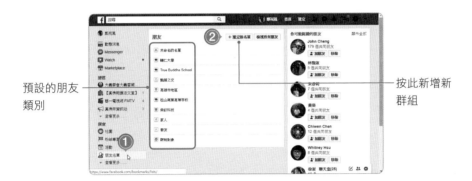

預設的朋友類別 ————

———— 按此新增新群組

以「摯友」群組為例,你可以將最要好的朋友們都加到此名單內,就可以在這裡看到他們的相片與動態。點選「摯友」的類別後,接著在如下的視窗中按下「新增摯友」鈕,並由顯示的視窗中點選好友使之勾選,按「完成」鈕就 OK 了。

▶ 加入其他社群按鈕

如果想將 Instagram、LINE、YouTube、Twitter…等社群按鈕加入到個人簡介中,請先將臉書個人切換到「關於」標籤,點選「聯絡和基本資料」的類

別，在其頁面中將想要連結的社群和帳號設定完成，同時必須將模式設為「公開」，按下「儲存變更」鈕就可以完成設定。

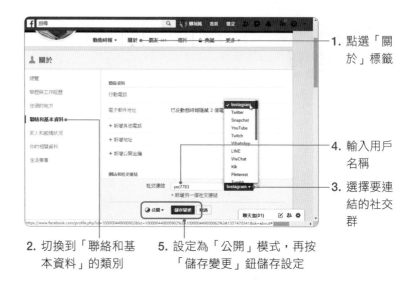

1. 點選「關於」標籤

4. 輸入用戶名稱

3. 選擇要連結的社交群

2. 切換到「聯絡和基本資料」的類別

5. 設定為「公開」模式，再按「儲存變更」鈕儲存設定

設定完成後切換到個人簡介，就可看到剛剛加入的 Instagram 社群按鈕，點擊就會自動連結到該社群網站。

而手機上的設定方式，則在進入臉書後點選個人的圓形大頭貼照，進入個人頁面後點選「編輯個人檔案」鈕，在「編輯個人檔案」頁面下方的「連結」按下「新增」鈕，再由「社交連結」按下「新增社交連結」，接著選定社交軟體和輸入個人帳號，按下「儲存」鈕儲存設定。

ⓞ 上傳相片與標註人物

臉書的「相片」功能相當特別也非常友善，它可以紀錄個人的精彩生活，依照拍攝時間和地點來管理自己的相簿，同時也能讓臉書上的朋友們分享你的生活片段，從所上傳的照片或影片中更了解你。

凡是臉書上的朋友，只要點選他們的大頭貼，進入他們的臉書頁面後，就可以從「相片」中約略了解此人的習性與喜好

此外，當朋友在分享的相片中標註你的名字後，該相片也會傳送到你的臉書當中，並存放到你的「相片」標籤之中，讓你也能保留相片。

朋友在分享的相片上標記你的名字，相片也會自動顯示在你的臉書之中

個人臉書的「相片」標籤

由此建立個人的相簿、新增相片或影片

想讓相片想在臉書成功獲得關注需要把握兩個基本要素：(1) 是相片與產品呈現要融合一致；(2) 則是相片最好以說故事形式呈現。若要了解如何妥善管理相片，則需知道建立相簿的方法以及新增相片的方式。

▶ 建立相簿與人物標註

在「相片」標籤中按下 +建立相簿 鈕，將可把整個資料夾中的相片上傳到臉書上，尤其是團體的活動相片，為活動紀錄精彩片段也能讓參與者或未參與者感受當時的熱絡氣氛。在新增相簿的過程中，你也可以為相片中的人物標註名字，該相片也會傳送到對方的臉書「相片」中。

要特別注意的是，上傳的相片中有標註其他人時，除了你選擇的對象以外，被標註者和其他所有的朋友也都會看到這張相片，如果不希望被標註者的朋友也看到相片，就要前往該相片並開啟分享對象功能表，選擇編輯隱私設定，再選擇要分享的對象。

1. 按下「建立相簿」鈕

2. 點選要上傳的資料夾

3. 按下「開啟」鈕

4. 選取要上傳的相片

5. 按下「開啟」鈕

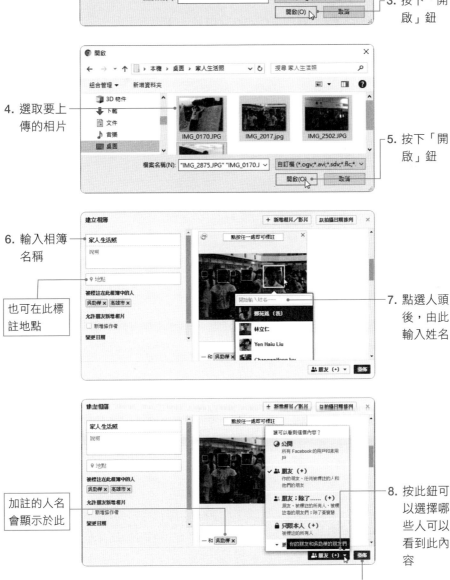

6. 輸入相簿名稱

也可在此標註地點

7. 點選人頭後，由此輸入姓名

加註的人名會顯示於此

8. 按此鈕可以選擇哪些人可以看到此內容

9. 設定完成，按「發佈」鈕發佈出去

10. 相簿建
立完成

透過這樣的方式，被標註名字的人很快就會在「通知」　　處看到如下的通
知了！

▶ 將相簿／相片「連結」分享

想要分享臉書中的相簿或相片給其他長輩或非臉書朋友嗎？臉書的每個相簿
或相片都有連結的網址，只要複製該連結網址給朋友就可以了，要取得連結
網址的方式如下：

2. 找到要分
享的「相
簿」

1. 切換到
「相片」

3. 按右鍵於
相簿上，
執行「複
製連結網
址」指令

4. 複製該網址到 LINE 中，任何使用這個連結的人都可以看到相簿內容

如果要分享相片，一樣是在相片上按右鍵，執行「複製連結網址」指令即可獲得連結網址。

一學就會的直播行銷

目前許多企業開始將直播視為行銷手法之一，消費觀眾透過行動裝置，特別是 35 歲以下的年輕族群觀看影音直播的頻率最為明顯，利用直播的互動與真實性吸引網友目光，從個人販售產品跟粉絲互動，電商品牌透過直播代替網路研討會（Webinar）與產品說明會，呈現出更真實的對話。例如小米直播用電鑽鑽手機，證明手機依然毫髮無損，就是把產品發表會做成一場直播秀，這是其他行銷方式無法比擬的優勢。

直播行銷最大的好處在於進入門檻低，只需要網路與手機就可以開始，不需要專業的影片團隊，不管是明星、名人、素人，通通都可透過直播和粉絲互動。例如唐立淇就是利用直播建立星座專家的專業形象，發展出類似脫口秀的即日。

星座專家唐立淇靠直播贏得廣大星座迷的信任

▶ 直播不求人實戰守則

直播成功的關鍵在於創造真實，有些很不錯的直播內容都是環繞著特定的產品或是事件，將產品體驗開箱拉到實況平台上，完整呈現產品與服務的狀況。似乎每個人幾乎都可以成為一個獨立的電視頻道，讓參與的粉絲擁有親臨現場的感覺。

直播除了可以和網友分享生活心得與樂趣外，還能作為商品銷售的素民行銷平台，不僅能拉近品牌和觀眾的距離，即時的互動也建立觀眾對品牌的信任。多數的業者開始時以玉石、寶物或玩具的銷售為主，如今商家種類也多元化了，不管是3C產品、冷凍海鮮、生鮮蔬果、漁貨、衣服…等通通都在直播平台上吆喝叫賣。

規劃一個成功的直播行銷，首先得了解你的粉絲特性、規劃好主題、內容和直播時間，在整個直播過程中，必須讓粉絲不斷保持著「what is next?」的好奇感，讓他們去期待後續的結果，才有機會抓住更多粉絲的眼球，達到翻轉行銷的能力。

越來越多熱門商品銷售是透過直播進行，訴求就是即時性、共時性，也最能強化觀眾的共鳴，也由於競爭越來越激烈且白熱化，目前最常被使用的方法為辦抽獎，商家為了拼出點閱率，拉抬臉書直播的參與度，就會祭出贈品或現金等方式來拉抬人氣。大家喜歡即時分享的互動性，只要進來觀看的人數越多，就可以抽更多的獎金，也讓圍觀的粉絲更有臨場感，並在直播快結束時抽出幸運得主。

臉書直播現在也是行動社群行銷的新戰場，不單單只是素人與品牌直播而已，現在還有直播拍賣，用戶從手機上即時按一個鈕，就能立即分享當下實況，臉書上的好友也會同時收到通知。腦筋動得快的業者就直接運用臉書直播來做商品的拍賣銷售，像是延攬知名藝人和網路紅人來拍賣商品。直播拍賣只要名氣響亮，觀看的人數眾多，主播者和網友之間有良好的互動，進而加深粉絲的好感與黏著度，記得對粉絲好一點，粉絲自然會跟你互動，就可以在臉書直播的平台上衝高收視率，帶來龐大無比的額外業績，不用被動式的等客戶上門，也不受天氣或場地的限制，只要有網路或行動裝置在手，任何地方都能變成拍賣場。

🛜 臉書直播是商品買賣的新藍海

例如臉書直播的即時性就非常吸引粉絲目光,而且沒有技術門檻,只要有手機和網路就能輕鬆上手,開啟麥克風後,再按下臉書的「直播」或「開始直播」鈕,就可以向臉書上的朋友販售商品。

🛜 iPhone 手機按「直播」鈕　　🛜 Android 手機按「開始直播」鈕

在店家直播的過程中，臉書上的朋友可以留言、喊價或提問，也可以按下各種表情符號讓主播人知道觀眾的感受，適時的詢問粉絲意見、開放提問、轉述粉絲留言、回應粉絲等，都可以讓粉絲有參與感，完全點燃粉絲的熱情，為網路和實體商品建立更深厚的顧客關係。當拍賣者概略介紹商品後便喊出起標價，然後讓臉友們開始競標，臉友們也紛紛留言下標，搶成一團，造成熱絡的買氣。如果觀看人數尚未有起色，也會送出一些小獎品來哄抬人氣，按分享的臉友也能到獎金獎品，透過分享的功能就可以讓更多人看到此銷售的直播畫面。

臉友的留言也會直接顯示在直播畫面上

直播過程中，瀏覽者可隨時留言、分享或按下表情的各種符號

在結束臉書的直播拍賣後，業者也會將直播視訊放置在臉書中，方便其他的網友有空點閱瀏覽，甚至寫出下次直播的時間與贈品，以便臉友預留時間收看，同時預告下次競標的項目，吸引潛在客戶的興趣，或是純分享直播者可獲得的獎勵，讓直播影片的擴散力最大化，這樣的臉書功能不但再次拉抬和宣傳直播的時間，也達到再次行銷的效果與目的。

CHAPTER

3

買氣紅不讓的
粉專入門關鍵心法

#粉絲專頁經營的小心思

#建立粉絲專頁

#邀請朋友加入粉專

#粉絲專頁貼文全思維

 讚   留言   分享

社群發展所產生的現象讓一群有共同價值主張、相同趣味的人建立情感關係，產品與消費者之間不再是單純功能上的連結，社群的概念已從社會學領域擴展到經濟領域。由於社群網站的崛起、推薦分享力量的日益擴大，品牌要與眾不同，就必須提供粉絲有價值的訊息，誰掌握了粉絲，誰就找到賺錢的捷徑。粉絲經濟也算一種新的經濟型態，能做好粉絲經營，社群行銷就能事半功倍，甚至有許多店家直接在粉絲專頁上販售商品，因此粉絲行銷成為社群行銷中的重要一環。很多的企業、組織、名人等官方代表，都紛紛建立專屬的粉絲專頁，用來發佈一些商業訊息，或是與消費者做第一線的互動。

粉絲專頁適合公開性的行銷活動

各位需要的不只是成立粉絲專頁，更不是單純充門面的粉絲數，如果沒有長期的維護經營，有可能會使粉絲們取消關注，起碼必須定期的發文撰稿、上傳相片 / 影片做宣傳、注意粉絲留言並與粉絲互動，如此才能建立長久的客戶，加強企業品牌的形象。事實上，透過粉絲專頁引起潛在客戶按讚、溝通、互動、點擊，甚至能成功導購的結果才是關鍵。本章將針對粉絲專頁的建立、邀請朋友加入、發佈貼文、新增 / 編輯影片等基礎功能做介紹，讓各位不但擁有粉絲專頁，也能為自家商品增加曝光機會。

粉絲專頁經營的小心思

粉絲專頁（Pages）適合公開性的行銷活動，而成為粉絲的用戶在動態時報中可看到喜愛專頁上的訊息，並快速散播達到與粉絲即時互動的效果。建立粉絲專頁後，任何人對粉絲專頁按讚、留言、或分享，管理者都可以在「通知」的標籤查看得到。粉絲專頁不同於個人臉書，臉書好友的上限是 5000人，而粉絲專頁可針對商業化經營的企業或公司，它的粉絲人數並無限制，屬於對外且公開性的組織。粉絲專頁必須是組織或公司的代表才可建立粉絲專頁，粉絲專頁可以在臉書的動態時報上分享訊息。

無論在任何平台的社群行銷策略，找到受眾絕對是第一要務，在建立目標受眾則必須了解他們的興趣、特點、年齡、性別等資訊。要做好粉絲行銷，首先就必須要用經營朋友圈的態度，而不是從廣告推銷的商業角度。透過分享和交流的特質，讓更多人認識和使用商品，建立粉絲專頁者，也可以設置特定主題的推廣頁面，希望有更多人成為粉絲，藉以傳達想要發佈的品牌資訊給粉絲們知道，並能統計訪客人數，提供行銷的數據分析，也可以有多位管理員來分層管理粉絲專頁，更可以透過臉書廣告的購買，以低成本來行銷商品，增加商品的能見度。任何人在專頁上按「讚」即可加入成為粉絲，建立專屬的粉絲專頁，除了鞏固商譽和口碑外，可讓企業以最少的花費得到最大的商業利益，進而帶動商品的業績。

粉絲專頁類別

建立粉絲專頁的目的在於培養一群核心的鐵粉，增加現有消費者對品牌認同度，並透過粉絲專頁讓潛在客戶更加認識你，吸引更多目標族群來成為粉絲。粉絲專頁的類別包含了「企業商家或品牌」與「社群或公眾人物」兩大類別，首先請選擇一個最貼近產業或商業利基的類別，此類別也請加以慎選，因為它能清楚交代的公司在做什麼，也有助於客戶的搜尋。要建立粉絲專頁，請從個人臉書右上角的「建立」處下拉選擇「粉絲專頁」指令，就能在如下視窗中選擇專頁類型。

每個臉書帳號都可以建立與管理多個粉絲專頁,雖然沒有設限粉絲頁的數目,但是粉絲頁的經營就代表著企業的經營態度,必須用心經營與照顧才能給粉絲們信任感。

▶ 玩粉絲專頁的私房點子

經營粉絲專頁沒有捷徑,但在建立粉絲專頁之前,仍要做足事前的準備,例如需要有粉絲專頁的封面相片、大頭貼照和基本資料,藉由這些資訊讓其他人快速認識粉絲專頁的主角。這裡先將粉絲專頁的版面簡要介紹,以便各位預先準備。

粉絲專頁名稱

大頭貼照

粉絲專頁封面

品牌故事的介紹

▼ 粉絲專頁封面

進入粉專頁面，第一眼絕對會被封面照吸引，封面照在粉絲頁的重要性不言可喻，粉專頁面在螢幕上顯示的尺寸是寬 820 像素，高 310 像素，依照此比例放大製作即可被接受。封面主要用來吸引粉絲的注意，會從一開始就緊抓粉絲的視覺動線，不論是產品、促銷、活動、主題標籤（hashtag）等都可以把它放上封面，或是任何可以加強品牌形象的文案與 logo，讓人一看就能一清二楚，不過要注意的是，粉絲專頁的封面為公開性宣傳，不能造假或有欺騙的行為，也不能侵犯他人的智慧財產權。

> **TIPS** 只要在字句前加上 #，便形成一個主題標籤（hashtag），是目前社群網路上流行的行銷工具，可以利用時下熱門的關鍵字，並以 hashtag 方式提高品牌曝光率，使用者在貼文裡加上別人會聯想到自己的主題標籤，就能將個人動態時報或專頁貼文中的主題詞句轉變為可點擊的連結，透過標籤功能，所有用戶都可以搜尋到你的貼文。

▼ 大頭貼照

大頭貼照在螢幕上顯示的尺寸是寬 180 像素，高 180 像素，為正方形的圖形即可使用，影像格式可為 JPG 或 PNG，從設計上來看，最好嘗試整合大頭照與封面照，以大頭貼和封面照為一體的表現手法，加上運用創意且吸睛的配色，將是讓整體視覺感提升的絕佳方式。

> **TIPS** JPG 格式屬於破壞性壓縮的全彩影像格式，採用犧牲影像品質來換得更大的壓縮空間，其檔案容量會比一般圖檔格式來的小，而 PNG 格式則是非破壞性的影像壓縮格式，壓縮後的檔案會比 JPG 來得大，具有全彩顏色的特性，所以想要擁有較好的影像品質，建議可選用 PNG 格式。

▼ 品牌故事

品牌故事用來輔助說明，試著用 30 字以內的文字敘述自己的品牌或產品內容，讓粉絲們了解品牌成立的故事，其中摻雜有趣事實的背景故事，將會使

品牌更富有人性，並可在其中加入公司的標語或標題，以協助粉絲們了解品牌，這裡的內容隨時可以變更修改或稍後再作加強，也能與你的其他網站商城社群平台串接。

▼ 粉絲專頁基本資料

根據粉絲專頁類型，所加入的基本資料略有不同，粉絲專頁所要提供的資訊包括專頁的類別、子類別、名稱、網址、開始日期、營業時間、簡短說明、版本資訊、詳細說明、價格範圍、餐點、停車場、公共運輸、總經理…等，儘可能地清楚提供這些細節，將會使臉書頁面更具專業與權威，如同編寫個人自傳一樣，而粉絲們只會看到有編寫的部分，其餘並不會顯示出來。

建立粉絲專頁

粉絲頁的開放性，讓它成為一個行銷拓廣的工具，內容絕對是經營成效最主要的一個重點，專頁上所提供的訊息越多越好，可以讓更多人加入您的粉絲專頁。當各位對於粉絲專頁的封面相片和大頭貼照的呈現方式了解之後，接著就可以開始準備申請與設定粉絲專頁。請在臉書右上角按下「建立」鈕，並下拉選擇「粉絲專頁」指令，即可開始建立粉絲專頁。

1. 按「建立」鈕

2. 下拉選擇「粉絲專頁」

進入「建立粉絲專頁」畫面後，在此選擇「企業或品牌」的類別做為示範，
請按下「立即使用」鈕會顯示「企業商家或品牌」的畫面，請輸入「粉絲專
頁名稱」以及「類別」。對於類別部分，先輸入最能描述粉絲專頁的字詞，
然後再從中選擇臉書所建議的類別即可，按「繼續」鈕將進入大頭貼照和封
面相片的設定畫面。

◉ 大頭貼及封面照設定技巧

在大頭貼照和封面相片部分，請依指示分別按下「上傳大頭貼照」和「上傳
封面相片」鈕將檔案開啟，就可以看到建立完成的畫面效果。

顯示新建立
的粉絲專頁

下方有提供
指導，教導
新手如何經
營粉絲專頁

加入的粉絲專頁相片或大頭貼照，主要是讓用戶對你的品牌或形象產生影響和聯結，如果一段時間後想要更新，讓粉絲們有不同的視覺感受，則可在封面相片左上角按下「變更封面」指令，而大頭貼照則從下方按下相機圖示，再從顯示的選項中選取「上傳相片」即可。

▶ 為粉絲頁新增簡短說明

對於新手而言，臉書很貼心地提供各種輔導說明，可以在封面相片下方看到如下圖的畫面，只要依序將臉書所列的項目設定完成，就能讓粉絲頁快速成型，增加曝光機會。

按此加入 1-2 句來介紹粉絲專頁

提供粉絲專頁的各項經營祕訣

要讓其他人更了解粉絲專頁所提供的服務，或是讓網友搜尋到你的粉絲專頁，就必須有簡短的文字說明。請在封面相片下方按下「新增簡短說明」的標題，在如下的視窗中為你的粉絲頁做簡要說明，例如所提供的產品服務，

粉專特色、宗旨、定位或重要訊息。內容亦可結合最夯時事火線話題，搭配公司產品服務，引發廣泛討論。

這裡所填寫的資料，都會記錄在粉專「設定」標籤下的「粉絲專頁資訊」裡，各位可以稍後再繼續編寫，在此我們繼續為各位介紹其他關鍵心法。

◉ 建立獨一無二的用戶名稱

粉絲專頁的用戶名稱就是臉書專頁的短網址。有好的命名幾乎就成功一半，取名字時須以朗朗上口讓人可以記住且容易搜尋到為原則。一般在未設定之前，專頁的預設網址是在 facebook.com 之後加入粉絲專頁名稱和粉絲專頁編號而成，如下圖所示的「美心食堂」。

粉絲專頁名稱 + 粉絲專頁編號

由於網址很長，又有一大串的數字，在推廣上比較不方便，而使用簡單又好記的文字建立粉絲專頁的用戶名稱後，以後即可在宣傳與行銷上，幫助推廣你的專頁據點。如下所示，以「Maximfood」替代了「美心食堂 -1636316333300467」。

獨一無二的專頁短網址

設定用戶名稱，請在粉專名稱下方點選「建立粉絲專頁的用戶名稱」連結，即可進行設定：

1. 按此連結

2. 輸入用戶名稱

3. 按此鈕建立用戶名稱

打勾表示可以使用，若已有他人使用的名稱，會在下方以紅字提醒用戶重新選擇，用戶名稱必須包含 5 個以上的英數字元

建立完成！

@DigitalNewbook 已成為數位圖書的用戶名稱。

現在起，用戶會更容易搜尋到你的粉絲專頁，也可以前往 fb.me/DigitalNewbook 瀏覽你的粉絲專頁，或透過 m.me/DigitalNewbook 給專頁發送訊息。

4. 按「確定」鈕離開

這裡所建立用戶名稱會顯示在粉絲專頁的自訂網址上，請在 @ 之後輸入您所期望的用戶名稱，若名稱已有他人使用則必須重新設定，直到右側顯示綠色的勾勾為止，按下「建立用戶名稱」鈕即可建立獨一無二的用戶名稱，用戶名稱一旦建立成功，其他用戶會更容易搜尋到你的粉絲專頁。

管理粉絲專頁

有些品牌的管理者擁有一個或多個粉絲專頁，若想切換到其他的粉絲專頁進行管理，則須在個人臉書的首頁右側切換，如圖示：

按此鈕可切換專頁，或選擇「管理粉絲專頁」

由此進行切換，並連結至指定的粉絲專頁

在臉書右上角按下 ▼ 鈕，下拉選擇「管理粉絲專頁」，會列出所有建立的粉絲專頁，如下圖所示。除了進行新增專頁外，也可以編輯粉絲專頁的詳細資料。

滑鼠移到右側，出現此鈕並點選「編輯詳細資料」，可設定粉絲頁的類別、電話、網站、電子郵件、地址等資訊

要讓粉絲們對你的粉絲專頁有更深一層的認識，任何關於粉絲專頁的訊息就必須要公告出去，就像求職一樣，須將特點、專長、聯絡資訊、傳記、獎項…等資訊填寫完整，才能讓其他人了解你，使提供的資訊效益極大化。要編寫粉絲專頁的資訊，請在如上的視窗右側按下 ⚙ 鈕，點選「編輯詳細資料」指令進入如下視窗，設定一般、聯絡資料、地點…等各項資訊。

另外，在粉絲專頁的左側按下「關於」標籤會切換到「關於」頁面，讓你編寫興趣、聯絡資訊 .. 等資料，還有品牌故事的介紹。

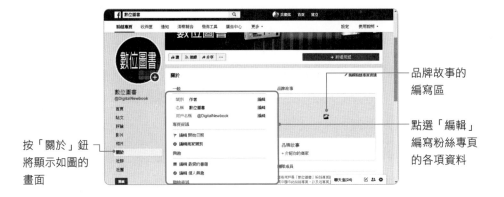

邀請朋友加入粉專

粉絲專頁行銷的目的，就是要吸引那些認同你、喜歡你、需要你的粉絲，接下來我們將針對三種基本技巧做說明。

▶ 邀請朋友按讚

粉絲專頁的經營就跟開店一樣，特別是剛建立粉絲專頁時，商家想讓粉絲專頁可以觸及更多的人，一定會先邀請自己的臉書好友幫你按讚，朋友除了可以和你的貼文互動外，也可以分享你所發佈的內容，幫助粉絲頁獲得較可靠的名聲和增加影響力。想要邀請朋友對新設立的粉絲專頁按讚，可以在粉絲專頁左側先點選「首頁」，接著粉絲頁右側可看到朋友的大頭貼，直接點選人名之後的「邀請」鈕就能將邀請送出。

1. 點選「首頁」

2. 按此鈕邀請朋友來按讚

如下圖所示，當朋友看到你所寄來的邀請，只要一點選，就會自動前往到你的粉絲專頁，而按下「說這專頁讚」的藍色按鈕，就能變成你的粉絲了。

🛜 朋友接收到你的邀請

🛜 自動前往到粉絲專頁進行瀏覽或按讚

▶ 使用 Messenger 進行宣傳

Messenger 是目前大家常用的通訊軟體，在觀看臉書的同時就可以知道哪些朋友已上線，即使沒有在線上，仍可按下「Messenger」💬找到朋友的名字，再將你想要傳達的內容和訊息傳送給對方，而對方只要點選圖示就能自動來到你的粉絲專頁了。

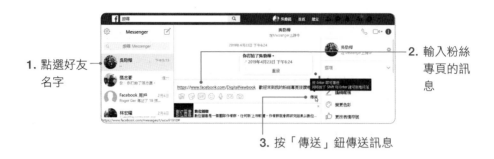

1. 點選好友名字

2. 輸入粉絲專頁的訊息

3. 按「傳送」鈕傳送訊息

請好朋友主動推薦你的粉絲專頁，變成你最佳的宣傳員，因為每個好朋友有各自的朋友圈，即使他們不認識你也不會對你產生懷疑和防範，由朋友推薦粉絲專頁，這樣訊息擴散得會更加快速。

▶ 動態時報分享

為了從茫茫人海中找出真正喜歡你粉絲專頁的人，可以透過動態時報的方式來分享，讓親朋好友都知道你有粉絲專頁。請在粉絲專頁封面相片下方按下「分享」鈕，在如下視窗中輸入您要發佈的消息，就能將粉絲專頁分享給朋友了。

2. 由此書寫內容

1. 按下「分享」鈕

3. 按「發佈」鈕發佈消息

基本上，透過以上的三種方式，即可順利將粉絲專頁的訊息傳播出去，但最重要的還是要做到時刻維護，用心經營才能留住粉絲的關注喔。

> **TIPS** 除了以上三種方法可以邀請朋友來粉絲專頁按讚外，也可以試試電子郵件或電子報邀請聯絡人或會員加入，並可在宣傳海報、名片、網站、貼文、數位牆、菜單，或網站內設置粉絲團「讚」的按鈕，邀請客戶掃描 QR 碼加入等。

粉絲專頁貼文全思維

粉絲專頁屬於開放的空間，任何能看到粉絲專頁的人，都能看到貼文與留言，發佈者所發佈的訊息或相關動態，也會發佈到「動態消息」區和臉書的其他地方，因此所發佈貼文和相片都要是真實不虛的內容才行。粉絲專頁上最能引人注目的優質貼文，是利用越少的字數，抓住用戶的眼球和增加他們的求知慾，因為貼文不只是行銷工具，也是與消費者溝通或建立關係的橋樑。

例如嘗試一些具有「邀請意味」的貼文，友善的向粉絲表示「和我們聊聊天吧！」，比起一直推銷品牌，更凸顯了創意的重要。店家必須慎選清晰更有梗的行銷題材，讓粉絲傾向和他們「有互動交談」的商家來購買產品及服務。粉絲願意按讚通常是因為內容有趣，發的貼文具有吸引粉絲的亮點才行。如果要推廣商品或理念，盡可能要聚焦，一次只強調一項重點，才能讓觀看的網友有深刻的印象。相關資訊必須完備，例如：事件、時間、地點、如何聯繫、聯絡人…等，這樣才是有效的粉絲貼文。此外，發佈貼文的目的是希望讓越多人看到，互動更為頻繁，因此除了直接輸入想要行銷的文字內容外，也可以上傳相片或影片。

發佈文字貼文

要進行文字訊息的行銷，請從粉絲頁頂端的區塊直接輸入文字內容即可，選定想要套用的背景圖樣，按下「立即分享」鈕就能擴散你的行銷內容或理念。

1. 按此區塊

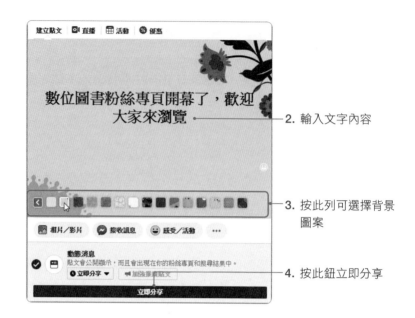

2. 輸入文字內容

3. 按此列可選擇背景圖案

4. 按此鈕立即分享

好不容易編寫完成的貼文，在發佈出去後才發現有錯別字需要修正，這時只要從貼文右上角按下 ••• 鈕，再選擇「編輯貼文」指令即可進行修改，編修完成後按下「儲存」鈕就可以搞定，即使貼文已有他人分享出去，則分享的貼文也會一併修正喔！至於若想刪除貼文，一樣是按下貼文右上角 ••• 鈕，再選擇「從粉絲專頁刪除」指令就搞定了。

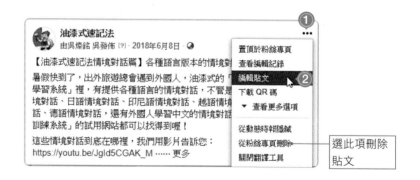

選此項刪除貼文

如果希望貼文在指定的時間才進行公告，那麼可以使用「排程」的功能來指定貼文發佈的日期。請在完成貼文的編寫或相片插入後，按下「立即分享」鈕旁的三角形鈕，會看到「排程」的選項，選定要發佈的日期後按下「排程」鈕完成設定。

設定之後會在貼文區塊下方看到一則已排程的貼文，按「查看貼文」即可看到貼文的詳細內容。

已進入排程的貼文

在排定的時間之前，粉絲專頁都不會顯示該貼文，如果排程之後需要重新設定排程、取消排程，或是想要刪除，都可在「發佈工具」的「排定貼文」下進行操作，如下圖所示：

1. 勾選貼文

2. 按下「操作」鈕選擇操作項目

▶ 相片 / 影片分享

臉書貼文不限於單調的文字，如果有美美的圖片再輔以說明，則取信網友的機會就比單純文字來得強有力。從傳統「電視媒體」到現在「人手一機」，

社群行銷不是傳統的電視廣告，貼文只有 0.25 秒的機會吸引住粉絲的眼球，也意味著文字於此淪為配角，圖片與影音將是主角，影片尤其是吸睛的焦點，因為對於粉絲會帶來某種程度的親切感，也能創造與消費者建立更良好關係的機會。以行種裝置來說，影片的寬高比例最常使用 9:16、4:5、2:3 的直式，或 16:9、5:4、3:2 的橫式畫面，若是輪番廣告則建議使用正方形 1:1 的比例。而影片的長度盡量在 15 秒以內，且吸睛的部分最好放在最前面，以便抓住觀看者的目光。

分享相片／影片時，請由貼文區塊按下「相片／影片」鈕，接著點選「上傳相片／影片」的選項。

點選要插入的圖片或影片檔，就可以將相片／影片加入至貼文中

根據調查，相片比文字的觸及率高出 135%，經營粉絲頁的人就會發現，相片被點閱或分享的機會絕對比單純文字來的高。故在進行相片／影片的分享時，也可以將電腦上的多張相片上傳發佈成相簿貼文。

1. 點選「建立相簿」

2. 選取要上傳的多張相片

3. 按下「開啟」鈕

4. 輸入相簿名稱、內容、地點

6. 按此鈕進行發佈

5. 可加入相片的說明

以「建立相簿」的方式發佈貼文後，除了在粉絲頁的「相簿」中可看到剛建立的相片外，貼文上也可以看到相簿中的相片。

新增的相簿

顯示的貼文效果

▶ 為相片加入貼圖

對於所發佈的相片，臉書也可以讓用戶直接在相片上標註商品、加入文字、加入貼圖、或是進行剪裁的動作。當按下「相片／影片」鈕插入相片後，將滑鼠移進相片縮圖就會看到「編輯相片」和「標註商品」的圓形圖示。

2. 滑鼠移入相片縮圖就會看到「編輯相片」
　 和「標註產品」兩個圓形圖示

1. 按「相片／影片」鈕加入如圖的相片

點選「編輯相片」會進入如下視窗，可進行濾鏡、剪裁、新增文字、替代文字、貼圖等動作。下圖所示是在相片中加入臉型的貼圖，並可以調整貼圖的比例大小、位置、和旋轉角度。

2. 按此鈕顯示貼圖，並點選想要使用的圖案

3. 加入後可以按此鈕縮放貼圖大小

1. 點選「貼圖」

若要加入文字則請點選「文字」，按下「＋」鈕新增文字，一樣可以縮放文字大小或旋轉角度。

2. 按此鈕新增文字框

3. 由此變更顏色

1. 點選「文字」

4. 輸入文字後，由此可縮放大小和角度

5. 按此儲存畫面

設定之後按下「儲存」鈕將儲存相片，如下圖所示便是在相片中放入貼圖的貼文。

製作與發佈輕影片

製作輕影片是指將 3-10 張的相片組合成影片檔，使用者可以設定影片的長寬比例、每張圖像顯示的時間以及切換的效果，還可以加入背景音樂，對於不會視訊剪輯的人來說可是一大便利。

請由貼文區塊按下「相片/影片」鈕，點選「製作輕影片」的選項後會看到如下的「設定」與「音樂」標籤。在「設定」標籤裡請按下「新增相片」鈕新增相片，所新增的相片可以是上傳的相片或是粉絲頁中的相片，也可以立即使用手機拍照下來的相片。相片選取後回到「設定」標籤，相片會變成影片的形式，此時再進行顯示時間和切換效果的設定，可觀看影片的播放速度與效果。

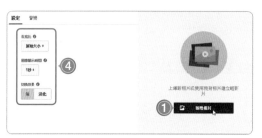

切換到「音樂」標籤可以選用臉書所提供的背景音樂，你也可以自行上傳聲音檔，確認之後在下方按下「製作輕影片」鈕，最後輸入輕影片的標題與說明文字，即可按下「立即分享」鈕分享出去。

在「音樂」標籤中可選用背景音樂

確認後按此完成輕影片的製作

粉絲頁中所製作影片檔，都會存放在「影片庫」中，請切換到「發佈工具」，再由左側點選「影片庫」就可以看到所有已發佈的影片。

▶ 上傳臉書封面影片

粉絲專頁的封面相片現在也可以顯示為動態的影片囉！不過影片長度限制介於20-90秒之間，並且至少要820x312像素，而臉書建議的大小則為820x462像素。比它大的尺寸仍能接受，屆時再以滑鼠拖曳的方式來調整位置。

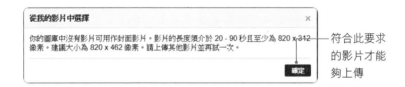

符合此要求的影片才能夠上傳

製作方式請由封面相片的左上角按下「變更封面」鈕，下拉選擇「上傳相片／影片」指令即可順利上傳影片檔。

1. 按此鈕

2. 執行「上傳相片／影片」指令

選定檔案並順利上傳影片後，直接以滑鼠左右拖曳調整影片顯示的位置，確立後請按下「繼續」鈕繼續設定。

接著要設定影片縮圖，請按下左右兩側白色的箭頭鈕來調整影片的縮圖，按下「發佈」鈕，封面影片將自動循環播放。所設定的封面影片如果之前尚未發佈過，那麼這段影片也會公開發佈供其他用戶觀看。

🔘 將重點貼文置頂

對於正在推廣的重點貼文，或是期望所有粉絲都要知道的重大訊息，可以使用「置頂」的功能來強制貼文置於頂端，讓所有進入粉絲專頁的粉絲都能看得到。

設定方式很簡單，請在該貼文的右上角按下 ••• 鈕，下拉選擇「置頂於粉絲專頁」指令就能完成。置頂的貼文會在右上角顯示 📌 的圖示，當時效已過，若要取消置頂的設定，也只要從下拉選單中點選「從粉絲專頁頂端取消置頂」指令即可。

CHAPTER

4

讓粉絲甘心掏錢的
粉專贏家經營思維

#粉絲專頁管理者介面

#粉絲專頁權限管理

#粉專管理技巧精選

#粉專零距離推廣法則

讚 留言 分享

一篇好的粉絲專頁行銷內容就像說一個好故事，觸動人心的故事會比講述大道理更具行銷感染力，每個故事就是在描述一個產品，成功之道就在於如何設定內容策略。內容行銷必須更加關注顧客的需求，因為創造的內容還是為了某種行銷目的，銷售意圖絕對要小心藏好，也不能只是每天產生一堆內容，必須長期經營並追蹤與顧客的互動。

用心回覆訪客貼文是提升商品信賴感的方式之一

🛜 桂格燕麥粉絲專頁經營就相當成功

粉絲專頁成立後，隨之而來的便是經營粉專的技巧，若是期望透過粉專行銷獲益，那麼首先懂得如何包裝你的商品與服務，粉絲絕對不是為了買東西而使用臉書，也不是為了撿便宜而對某一粉絲團按讚。粉絲專頁的經營不只是技術，更是一門藝術，內容絕對是吸引人潮重要的因素之一，包括邀請其他網友來按讚、留言、貼文，進行抽獎活動，甚至用心回答粉絲的留言，都可以有效讓你的粉絲專頁被大量分享或宣傳。

粉絲專頁管理者介面

大家都知道要建立臉書粉絲專頁門檻很低，但要能成功經營卻不容易，粉絲專頁的管理者除了可以在「粉絲專頁」的標籤上看到每一筆的貼文資料外，還會在頂端看到「收件匣」、「通知」、「洞察報告」、「發佈工具」、「廣告中心」、「設定」等標籤，這是粉絲專頁的管理介面，方便管理員進行專頁的管理，這一小節我們先針對這幾個標籤頁做介紹。

粉絲專頁的首頁

在首頁中可瀏覽貼文、留言、或進行貼文的發佈，另外從左側的頁籤可以進行活動的建立、查看粉絲的評比、編輯「關於」的相關資訊、或做粉絲頁的推廣。

粉絲專頁的
管理者介面

由此處進行貼文的建立、查看評論、編輯聯絡資訊…等

收件匣

粉絲專頁不同於個人臉書，它提供各種經營功能和管理權限，讓多人可以共同維護和管理，對於粉絲們的所表達的心情和留言，管理員皆可收到通知然後進行回覆。而粉絲頁有多少追蹤者，哪些人按讚，以及粉絲們喜歡哪一類的貼文，都有報告可讓管理員們知曉，以便進行分析和行銷策略的擬定，在這一章節我們將針對這些主題做說明，讓各位成為粉絲專頁的管理達人。

當粉絲們透過聯絡資訊發送訊息給管理者,管理者會在粉絲頁的右上角 ◉ 圖示上看到紅色的數字編號,並在「收件匣」中看到粉絲的留言,利用 Messenger 程式對粉絲的個人問題進行回答。另外也可以對個別的粉絲進行標示或封鎖,或新增標籤以利追蹤或尋找對話。

如果是由多人一起管理的粉絲專頁,則可針對粉絲的問題進行指派的動作。如下所示:

管理者可以由此下拉指定負責回覆的人員

▶ 通知

粉絲專頁提供各項模式的通知,包括:粉絲的留言、按讚的貼文、分享的項目,以及提示管理者該做的動作。有任何新的通知,管理者都可以在個人臉書或粉絲專頁的右上角 ◔ 圖示上看到數字,就知道目前有多少的新通知訊息。查看這些通知可以讓管理者更了解粉絲專頁經營的狀況以及可以執行的工作。

切換到「通知」標籤可看到所有的粉絲頁通知

下拉點選通知項,可查看最新的通知內容

由此查看讚、留言、分享的情況

在「通知」標籤中除了了解各項通知外,從左側還可以邀請朋友來粉絲專頁按讚,對於哪些朋友未邀請,哪些朋友已邀請並按讚,或是邀請已送出未回覆的,都可一目了然。

1. 切換到「通知」標籤

2. 點選「邀請朋友」

3. 顯示朋友邀請的狀況與回覆的情形

▶ 洞察報告

粉絲專頁也內建了強大的行銷分析工具，例如「洞察報告」標籤會摘要過去七天內的粉絲專頁報告，包括：發生在粉絲專頁的集客力動作、粉絲專頁瀏覽次數、預覽情況、按讚情況、觸及人數、貼文互動次數、影片觀看總次數、粉絲頁追蹤者、訂單等。除了總攬整個成效外，從左側也可以個別查看細項的報告。這些資訊都是粉絲專頁管理者作為產品改進或宣傳方向調整的依據，從這些分析中了解粉絲們的喜好。

由此切換查看細項的資訊

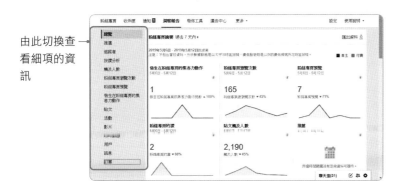

對於已發佈的貼文，其發佈的時間、貼文標題、類型、觸及人數、互動情況等，也可以在洞察報告中看得一清二楚，而點選貼文標題，可看到貼文的詳細資料和貼文成效。

🛜 顯示已發佈的所有貼文

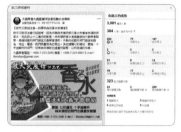

🛜 點選標題可查看貼文成效

發佈的視訊影片通常是吸引粉絲目光的重點，想看看所有發佈影片的成效，也只要切換到「影片」類別即可查看細節。

▶️ 發佈工具

在「發佈工具」標籤中，能看到各貼文的觸及人數、實際點擊的人數，所發佈影片實際被觀看的次數也是一目了然，對於粉絲有興趣的內容不妨投入一些廣告預算，讓其行銷範圍更擴大。

點選標題也
可查看貼文
成效

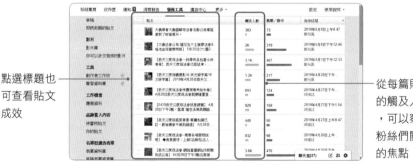

從每篇貼文
的觸及人數
，可以察覺
粉絲們關注
的焦點

另外有排定的貼文、編寫中的草稿、或是即將到期的貼文，也都可以在「發佈工具」的標籤中看到喔。

▶ 設定

粉絲專頁所提供的「設定」功能相當多，切換到「設定」標籤，就可以進行一般、訊息、通知、編輯粉絲專頁…等各種的設定。

▼ 一般

按下右上方的「設定」標籤後，會先看到「一般」的設定選項，這個頁面主要用來檢視或編輯粉絲專頁的各項設定，管理者只要針對各項標題，按下後方的「編輯」鈕就能做進一步的設定。

點選「編輯」
鈕進一步設定

▼ 訊息

主要設定用戶如何傳送訊息給你的粉絲專頁，其設定的區塊內容包括一般性的使用 Return 鍵傳送訊息、回覆小幫手、預約訊息的設定。

▼ 通知

當粉絲專頁有任何動態或更新消息時，可以讓臉書通知你。通知的設定包括：貼文留言、活動的新訂戶、專頁的新粉絲、貼文新收的讚…等，或是有人傳送訊息給粉絲專頁、開啟簡訊功能、電子郵件通知等，都可以在「通知」的類別中進行設定。

粉絲專頁權限管理

粉絲專頁的管理工作相當多，不管是文案的構思、影片的發佈、訊息的回覆、企劃活動，在在都需要有專門的人員來管理與維護，所以設定多人來幫忙管理是有其必要性。管理者可視需要管理的內容來增加管理人員的角色與權限，這個小節就針對角色的分類、新增 / 移除角色、權限設定等方面來進行討論。

▶ 角色分類

當你建立粉絲專頁後，即自動成為管理者，只有你可以更改粉絲專頁的外觀，並以粉絲專頁身分進行貼文，也只有管理者可以指派角色或變更他人的角色，而被指派角色的用戶都必須有個人的臉書帳號。粉絲專頁的管理角色共有六種，包括：管理員、編輯、版主、廣告主、分析師、職缺管理員。

- **管理員**：為最高管理者，管理粉絲專頁的角色與設定、可編輯專頁、新增應用程式、建立／刪除貼文、進行直播、發送訊息、回應／刪除留言與貼文、移除／封鎖用戶、建立廣告、推廣活動、查看洞察報告、查看誰以粉絲專頁的身分發佈內容。

- **編輯**：角色權限僅次於管理者，除了無法管理粉絲專頁的角色與設定外，其餘的權限與管理者相同。

- **版主**：權限次於編輯，可以專頁身分發送訊息、回應／刪除留言或貼文、移除／封鎖用戶、建立廣告、推廣活動、查看洞察報告、查看誰發佈內容。

- **廣告主**：可建立廣告、推廣活動、查看洞察報告、查看誰發佈內容。

- **分析師**：可查看洞察報告、查看誰發佈內容。

- **職缺管理員**：可以發佈和管理職缺、查看和管理應徵資料，以及建立廣告。

要注意的是，粉絲專頁的管理員可以是多個用戶共同管理，並沒有數量上的限制，只要是管理員就可以更改角色和權限。

一個粉絲專頁可以有多個管理員共同管理

▶ 新增 / 變更 / 移除角色

管理員要為粉絲專頁新增角色，請切換到專頁的「設定」標籤，點選「粉絲專頁角色」的類別，先在欄位中輸入姓名或電子郵件，找到對象後，由後方設定角色後，按下「新增」鈕即可新增角色。如下圖所示：

為了帳戶的安全性，粉絲專頁建立者必須輸入密碼才可進行提交。提交通過後即可看到剛剛新增的角色和所有管理人員的名單，而被設定角色的用戶也會收到通知。

顯示新增的「管理員」角色

按此可移除角色

按此鈕可變更新角色

角色新增之後，若要變更用戶的角色，或是想要移除該角色，都可直接按下該用戶後的「編輯」鈕，若點選「移除」鈕將進行刪除，點選「編輯」後方的上 / 下鈕變更新角色。

粉專管理技巧精選

建立粉絲專頁後，就要不定期的發佈貼文，讓粉絲們了解最新的活動或訊息。不會有人想追蹤一個沒有內容的粉專，因此貼文內容扮演著重要的角色，貼文的內容要吸引粉絲的注意，用字遣詞必須要人性化，才顯得真誠有溫度，畢竟粉絲很想知道答案才會發問，所以只要想像自己有疑問時，希望得到什麼樣的回答，就要用同樣的態度回覆留言。

要避免索然無味的內容，最好能類似教學的方式，讓粉絲們知道如何使用商品，或是加入新科技或新知識，讓粉絲閱讀完有受益良多的感覺，就像是與消費者面對面講話一般，一旦感到被尊重，就會提升對品牌的好感，才能讓粉絲們繼續瀏覽、認同而購買。另外快速回覆留言或耐心傾聽也是很重要，把粉絲們都當成老朋友一樣，詳細的解說與回答更容易獲得好感與信賴。

除了貼文的發佈與訊息的回覆外，還有許多實用的管理功能，例如如何開 /關訊息功能、如何暫停 / 刪除粉絲頁、如何查看 / 回覆留言、各項活動紀錄等，這裡一併為各位做説明。

開啟訊息與建立問候語

粉絲專頁的「訊息」功能用來設定用戶如何傳送訊息給你的粉絲專頁，你可以設定用戶是否可以私下與你的粉絲專頁聯絡。由粉絲頁的右上方按下「設定」標籤，切換到「一般」類別，再由「訊息」後方按下「編輯」鈕進行設定。

勾選如下的選項，就能允許用戶私下與我的粉絲頁聯絡，否則會將「發送訊息」鈕從粉絲專頁中移除。

在「訊息」的類別中，有提供幾個項目功能的設定，其預設值都是呈現關閉狀態，點選一下按鈕就能呈現「啟用」狀態：

- **一般設定**：能讓管理者在寫完訊息後，直接按「Enter」或「Return」鍵傳送訊息。

- **回覆小幫手**：目前已將自動回覆和離線自動回覆訊息的設定移至收件匣的「自動回覆」頁籤。按下「前往「自動回覆」的連結可進入如下的畫面進行設定。

- **顯示 Messenger 問候語**：針對第一次在 Messenger 上與你對話的用戶所做的問候語。

Facebook+Instagram 超強雙效集客行銷術

▶ 暫停粉絲專頁

粉絲專頁在預設狀態下都是發佈的狀態，如果你的粉絲頁尚未準備妥當，或是想要進行較大規模的內容調整，需要暫時關閉粉絲專頁，可以在粉絲專頁的右上方點選「設定」標籤，接著切換到「一般」類別，在「粉絲專頁能見度」中按下「編輯」鈕，就能顯示如下的畫面進行變更。

▶ 刪除粉絲專頁

針對有時效性的粉絲專頁，如果時效已過而打算關閉和刪除粉絲頁，可在粉絲頁右上方切換到「設定」鈕，在「一般」類別中找到「移除專頁」的選項，按下「編輯」鈕即可進行設定。

選擇刪除粉絲專頁後，所有用戶將無法看到或找到粉絲專頁的內容，不過選擇刪除後還有 14 天的後悔時間，在 14 天內都可以還原，之後系統就會要求你確認是否永久刪除，如果改為「取消發佈」，那麼只有管理員才能夠看到自己的粉絲專頁。

▶ 關閉與限制發言功能

粉絲專頁在預設狀態下是允許粉絲們留言或上傳相片／影片，如果不希望任何人都可以任意到你的粉絲專頁上貼文或貼圖，像是置入性的廣告或無關的貼文而影響到粉絲專頁的品質，可以考慮關閉粉絲頁的留言功能。

請由粉絲頁右上方按下「設定」標籤，切換切換到「一般」類別，按下「訪客貼文」後方的「編輯」鈕進行編輯。

選此項再進行儲存

▶ 查看與回覆粉絲留言

當粉絲們瀏覽你的專頁後，如果直接在粉絲專頁上進行留言與發佈，管理員只要一進入到粉絲專頁，就會立即在「動態消息」裡看到留言的內容。

1. 粉絲在貼文區塊上進行留言與發佈

訪客貼文顯示於此

2. 管理者會收到通知，直接點選通知會切換到收件匣

臉書管理者收到通知後，由「通知」▲鈕下拉選擇，就會切換到 FB 的收件匣，直接在下方欄位輸入回覆的內容就可以了。

← 由此回覆粉絲的留言

📹 查看所有粉絲貼文

當你的粉絲專頁允許粉絲或訪客在專頁上發佈貼文，這些發佈的內容在預設狀態下是不會影響到粉絲頁的正文顯示，因為臉書會把訪客的公開貼文全部集中到「社群」之中，所以若要查看所有粉絲的公開貼文，可以從粉絲頁的左側點選「社群」頁籤，就可看到所有的公開貼文。

← 訪客的公開貼文顯示在此區

如果是在「貼文」頁籤裡，則可清楚看到訪客貼文集中在右側，點選右上角的「選項」••• 鈕也能進行隱藏、刪除、封鎖等動作。

⊙ 查看活動紀錄

粉絲專頁的管理工作，除了貼文、上傳相片／影片、回覆留言外，想要確切知道何時做過哪些事情，或是要找尋先前與粉絲們的留言紀錄，就可以透過「活動紀錄」來做查詢。請在「設定」標籤的左側最下方先點選「活動紀錄」，才能切換到活動紀錄的畫面。

1. 由左側下方點選「活動紀錄」

也可以透過篩選條件來篩選內容

2. 依照時間的順序顯示最新到最舊的所有活動紀錄

除了看到所有的活動紀錄外，也可以針對分類進行查詢，像是留言的回覆紀錄、他人在你的動態時報上發佈的貼文等，都可以透過篩選條件來篩選。

⊙ 範本與頁籤順序

粉絲專頁有提供各種的專頁範本，例如：標準、企業、場地、Movies、非營利組織、政治人物、服務業、餐廳和咖啡店、購物、VideoPage，選擇適合的專頁範本有助於粉絲頁的發展與需求。

一般在建立粉絲頁時，臉書就會根據你所選擇的類別來套用合適的範本，如果之後想要進行範本的變更，可以在粉絲頁右上方點選「設定」標籤，接著在左側點選「範本和頁籤」，就能在右側按下「編輯」鈕重新選擇合適的專頁範本。

新的範本會自動取代現有的按鈕和頁籤。「頁籤」是顯示在粉絲頁名稱下方的各項標籤，包括：首頁、貼文、影片、相片、關於…等。頁籤顯示的先後順序也可以自行調整喔，只要在此透過滑鼠上下拖曳，即可調動順序。

點選頁籤然後往上或往下拖曳可改變頁籤顯示的順序

粉專零距離推廣法則

剛開張的粉絲專頁的被動觸及率範圍有限，此時就需要推廣策略來得到更大的效果。想要更多人知道你的粉絲專頁，進而了解商品資訊產生購買的慾望和衝動，那麼推廣粉絲頁就有其必要。目前大部分的推廣方式有：舉辦各項活動、設定里程碑、建立推廣、建立優惠、或刊登廣告等，讓潛在的客戶能夠有機會看到專頁的內容。

粉絲專頁活動

除了在專頁發佈商品的訊息和相關知識外，也可以透過活動的舉辦來推廣。經營者可以依粉絲專頁的特性來設計不同的活動，或是藉由活動的舉辦來活絡與粉絲之間的互動。在粉絲頁上建立活動，這也是促進消費行為的關鍵要素，通常需要設定活動名稱、地點、舉辦的時間和活動相片，好讓粉絲們知道活動內容。粉絲專頁舉辦活動的作法，請由貼文區塊上方點選「活動」，即可建立新活動。

由貼文區塊按下「活動」鈕進入新活動編輯視窗

> **TIPS** 各位也可以在臉書右上角按下「建立」鈕，再下拉選擇「活動」指令，可以透過公開或私人活動來讓用戶們相聚。

進入新活動的編輯視窗後，先按下「上傳相片／影片」鈕上傳活動相片或影片，輸入活動名稱、地點、舉辦的頻率和開始時間，就可以進行發佈，如果有更詳細的活動類型、說明、關鍵字介紹，或需要購置門票等，亦可在此視窗中做進一步說明。

發佈活動訊息後，接著可以在 FB 上邀請好友們來參與，並透過 FB 宣傳活動訊息，管理者藉由調查統計的功能，讓好友們回覆參與活動的意願。另外，也可以將活動訊息分享到動態消息或 Messenger 上讓更多人知道。

按「編輯」鈕可再度編輯活動內容

在活動內容的下方，可以邀請朋友一起來參加，或是由「分享」鈕選擇分享到 Messenger、或以貼文方式分享。如果要加強推廣活動使其觸及更多的用戶，則可點選右側的「加強推廣活動」鈕，了解支付廣告費用的方式。

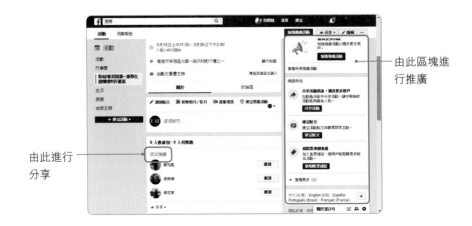

由此區塊進
行推廣

由此進行
分享

▶ QR 碼辦活動不求人

QR 碼在智慧型手機上被使用的機會相當高,在建立活動後,若想為活動建
立 QR 碼,請在活動的右上方按下「選項」 ⋯ 鈕,並下拉點選「建立 QR
碼」,就能看到右下圖的畫面,按「下載」鈕即可下載 QR 碼。

> **TIPS** QR 碼(**Quick Response Code**)是由日本 Denso-Wave 公司發明的二
> 維條碼,QR Code 不同於一維條碼皆以線條粗細來編碼,而是利用線條與方塊
> 所結合而成的,比以前的一維條碼有更大的資料儲存量,除了文字之外,還可以
> 儲存圖片、記號等相關訊息。隨著行動裝置的流行,越來越多企業使用它來推廣
> 商品,只要利用手機內建的相機鏡頭「拍」一下,馬上就能得到想要的資訊,或
> 是連結到該網址進行內容下載。

▶ 新增 / 編輯里程碑

里程碑是粉絲專頁中一種特殊的貼文,可以在動態時報上突顯對你的重大時刻。新增里程碑可以分享重要的事件,或是述說粉絲專頁的故事。請由貼文區塊右下方點選 ⋯ 鈕,接著在顯示功能鈕中點選「新增里程碑」▶,就能在如下的視窗中進行標題、地點、時間、故事分享、相片的設定。

進行儲存後,會在臉書的動態消息中就會看到里程碑的訊息。如需編輯里程碑、想讓里程碑顯示在頁籤中、或是需要刪除,都可在視窗的右上角點選「選項」鈕進行設定。

▶ 建立優惠和折扣

粉絲專頁上建立優惠、折扣,或是限時促銷,可讓客戶感受賺到和撿便宜的感覺,刺激購買欲望。所建立的優惠折扣,可以設定用戶在實體商店或是在網路商店中進行兌換。由貼文區塊上方點選「優惠」% 鈕,將會看到如下的視窗,請設定標題名稱、到期日、以及插入要做優惠或促銷的廣告圖片,按下「發佈」鈕就可以進行發佈。

如果你想進一步推廣活動或是鎖定特定族群做宣傳，可按下「加強推廣貼文」鈕，或是透過廣告管理員建立優惠，即可選擇客戶群、版位、預算或廣告時間。特別要注意的是，一旦建立優惠就無法再次編輯或刪除，所以發佈之前要仔細確認所有的產品資訊是否正確，避免「千」元商品變「百」元，賺錢不成先賠本。

▶ 新增行動呼籲按鈕 - 搶先預約

行動呼籲按鈕主要是協助粉絲們透過 Messenger、電子郵件、手機等方式聯絡管理人員，也可以進行購物、點餐、捐款、下載應用程式、預約服務等事宜。由於該按鈕是顯示在封面圖片的右下方，所以較容易引人注意，方便粉絲們點選後，可以前往指定的頁面。

> 🔵 **TIPS** 行動呼籲按鈕（Call-to-Action, CTA）是希望訪客去達到某些目的的行動，亦即召喚消費者去採取某些有助消費的活動，例如故意將訪客引導至網站策劃的「到達頁面」（Landing Page）會有特別的 CTA，讓訪客參與店家企劃的活動。
> 到達頁就是使用者按下廣告鈕後到直接到達的網頁，它和首頁最大的不同，就是到達頁只有一個頁面就要完成吸引訪客的任務，通常這個頁面會以誘人的文案請求訪客完成購買或登記。

行動呼籲按鈕只有管理員、版主、編輯或廣告主可以加入，請至封面圖片右下方按下藍色的「新增按鈕」，即可增加想要的按鈕類型。

按此鈕新增行動呼籲按鈕

這裡以臉書的「預約」按鈕做示範。其運作方式是顧客先傳送預約要求給粉絲專頁，管理者在臉書上安排後，系統主動傳送預約提醒給客戶，預約之後系統會自動傳送預約提醒給客戶。利用安排預約，除了可以和顧客私下聊天外，臉書會自動傳送預約確認和提醒給顧客，也會將預約儲存到你個人的行事曆之中，相當貼心。「搶先預約」鈕設定方式如下：

1. 選擇「搶先預約」

2. 按「下一步」鈕

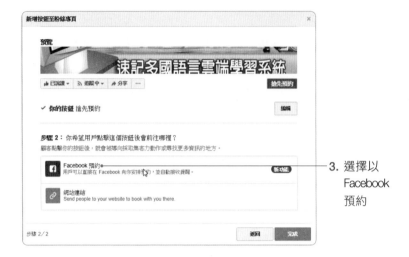

3. 選擇以 Facebook 預約

4. 按下「開始設定」鈕

按下「開始設定」鈕後還會有一連串的設定步驟，可幫助用戶安排和分享預約時段，讓顧客隨時向你預約。限於篇幅的關係，在此簡要說明設定的要點：

- 設定在行事曆上想要定期提供預約的天數和時間，可自行勾選星期一到星期日能提供預約的時段。

- 調整確定預約的偏好設定，包括預約批准、事先預約、以及是否開啟同步功能至 Google 日曆、顯示預約開始時間或間隔時段等。

- 進行檢查你的服務清單是否正確，包括你所提供的各項服務、價格和服務時段等。另外，如果有連結到 Instagram 社群，也能一併進行設定，或是稍後進行設定也可以。

- 提供你測試預約，選擇「新增預約」鈕後就可以輸入客戶名字、服務項目、開始時間、結束時間、備註等資訊。

完成如上的設定項目後，粉絲專頁就會自動新增並切換到「預約」標籤，同時顯示剛剛所測試的顧客預約時段。

粉絲專頁管理頁面新增了「預約」標籤

顧客預約的時段

按此鈕可進行編輯或刪除

在加入「搶先預約」的功能後，其他粉絲只要進入你的粉絲專頁，就會在封面圖片下方看到「開放預約的時段」的區塊，讓客戶進行預約。

粉絲可以透過此二處搶先預約

另外按下「搶先預約」按鈕,也可以顯示如下視窗進行服務的選擇。

🎬 多文發佈影片

所謂的「多文發佈影片」是指在同一個或各個粉絲頁的多則貼文中,可以重複使用曾經有張貼過的影片,而不需要重複上傳或分享影片。它的好處是可以針對所有使用這個影片的貼文,統整其影片的觀看次數,而且也能給予其他粉絲專頁發佈的權限。如此一來其他的粉絲專頁,就可以使用管理者身分來發佈影片。

要同時在多個粉絲頁上分享影片,必須先建立粉絲頁與其他粉絲頁的關聯。如下所示,是筆者在「數位圖書」的粉絲頁中新增一個「油漆式速記法」的粉絲頁。

2. 左側下方選擇「多文發佈」類別

3. 在此輸入「油漆式」,即可下拉找到「油漆式速記法」的粉絲頁

1. 切換到「設定」標籤

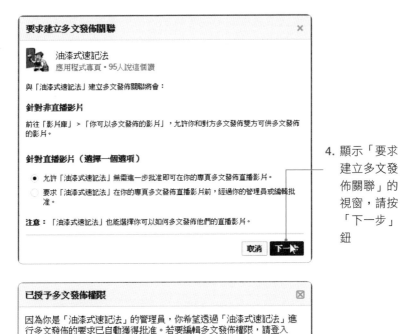

4. 顯示「要求建立多文發佈關聯」的視窗,請按「下一步」鈕

5. 按「完成」鈕完成設定

設定之後,就會在下方看到新增的粉絲專頁。

對於直播,可以自行選擇發佈的方式

同樣地，對方也必須將你的粉絲專頁加入他的多文發佈關聯，才算是完成確認的程序。當雙方都正式加入多文發佈的關聯後，才可開放對方專頁多文發佈你在粉絲專頁上所新增的影片。之後各位在粉絲頁貼文區塊下方點選「相片／影片」鈕，並從電腦上將影片上傳時，點選右側的「播放範圍」，就可設定影片為多文發佈。如下圖所示：

2. 由此勾選，才可讓其他粉絲專頁的貼文使用你的影片

1. 點選「播放範圍」

5

臉書粉絲行銷
火力加強攻略

#活用相片 / 相簿 / 影片功能

#超吸睛行銷應用程式

#創意社交外掛程式

 讚　　　　　　 留言　　　　　　分享

從早期的相片、影片、網誌、活動等,到後來的打卡、標註商品、票選活動、清單…等,使用者應該都能明顯感受到它的更新與加強,現在臉書已將這些好用的應用程式都整合在一起,只要依照需求在貼文視窗下方選擇適合的應用程式,就能給粉絲們新鮮而特別的貼文內容。

臉書已提供的各項功能

按此鈕可顯示更多的應用程式

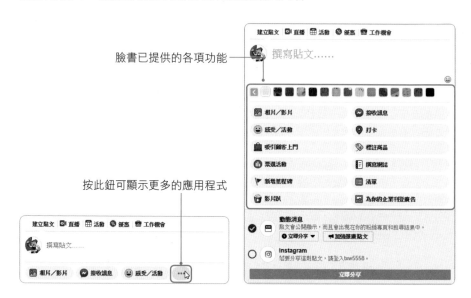

這一章我們將針對這些熱門實用的應用程式做說明,讓各位能夠靈活運用,以各種豐富的面貌來呈現貼文內容。

活用相片 / 相簿 / 影片功能

每個行銷人都知道影音的重要性,比起文字與圖片,透過影片的傳播,更能完整傳遞商品資訊。影片能夠建立企業與消費者間的信任,影音的動態視覺傳達可以在第一秒抓住眼球。「相片 / 影片」 的貼文發佈是最常使用的功能,能將自己用心拍攝的圖片加上貼文至行銷活動中,對於提升粉絲的品牌忠誠度有相當的幫助,例如紐約知名的杯子蛋糕名店 -Baked by Melissa,採用有趣又繽紛的貼文,使蛋糕照增添趣味,而讓粉絲更願意分享,進而與當地甜食愛好者建立起當緊密的互動。

有關分享相片 / 影片、發佈相簿貼文、製作與發佈輕影片等技巧,已於前面章節介紹過,這裡則要針對「相片」頁籤和「影片」頁籤做介紹。

「相片」頁
籤和「影片」
頁籤

「相片」頁
籤可新增相
片和相簿

▶ 新增相片 / 相簿

如果拍攝的相片不夠漂亮，很難吸引用戶們的目光，只要各位秉持圖片講究
自然不能太多加工，持續發佈主題一致而且高畫質的圖片，就有可能讓粉
絲人數增加。要新增相片 / 相簿到粉絲頁上，請點選「相片」頁籤後，在所
有相片右側按下「新增相片」，接著會開啟如下視窗，可以選擇「建立新相
簿」或是「新增到現有的相簿」。

1. 選擇新增
相片的方
式

2. 按下「繼
續」鈕找
到要上傳
的圖片

選擇之後按下「繼續」鈕，找到要上傳的相片，在如下的視窗中，為新增的
相簿訂定標題，加入說明文字和地點的標示，或是設定日期，當然也可以針
對個別的相片進行說明，設定之後按下「發佈」鈕即可。

設定相簿標題

按此可新增相片

這裡可為相片做說明

發佈相簿

此種新增相片和相簿的方式，如同貼文的發佈一般，所以你的粉絲們都會看得到。要注意的是，粉絲對於重複出現的圖片會感到厭倦從而忽視貼文，因此若能在相片中加入強調文字或關鍵字，讓觀看者可以快速抓到貼文者要表達的重點，會是比較符合年輕人的習性與趨勢。

相簿內容已發佈成貼文

若要刪除已發佈的相片或相簿，請由「所有相簿」中點選要刪除的相簿，進入該相簿後，按下右上方的「選項」 ⋯ 鈕，即可選擇刪除相片或刪除相簿。另外，點選相片右上角的 鈕也可以編輯或刪除相片，如圖示：

按此鈕可以編輯或移除相片

按此鈕選擇刪除相片或相簿

若想將粉絲頁相簿中的某張相片移到另一個相簿之中，可在進入相簿後，由選定的相片右上角按下 ✎ 鈕，下拉選擇「移到其他相簿」指令，接著在顯示的視窗中指定要放入的相簿名稱。

1. 進入相簿後，點選要移動的相片右上角

2. 選擇「移到其他相簿」指令

3. 下拉選擇要移入的相簿名稱

4. 按此鈕移動相片

▶ 分享相簿給其他人

如果想將整個相簿分享給其他朋友，只要取得相簿的連結網址，再將連結的網址貼給想要分享的人，就可以輕鬆分享相簿。

2. 按「Ctrl」+「C」鍵複製此網址，離開後按「Ctrl」+「V」鍵將連結貼到欲分享的社群

1. 先進入要分享的相簿中

▶ 建立影片播放清單

影片所營造的臨場感及真實性確實更勝於文字與圖片，靜態廣告轉化為動態的影音行銷就成為勢不可擋的時代趨勢，只要影片有內容，就可能在短時間內衝出高點閱率。粉絲頁的「影片」頁籤，提供了播放清單的功能，讓管理者可以將同類型的影片整理在一起，讓粉絲們得以針對有興趣的主題進行瀏覽和搜尋。

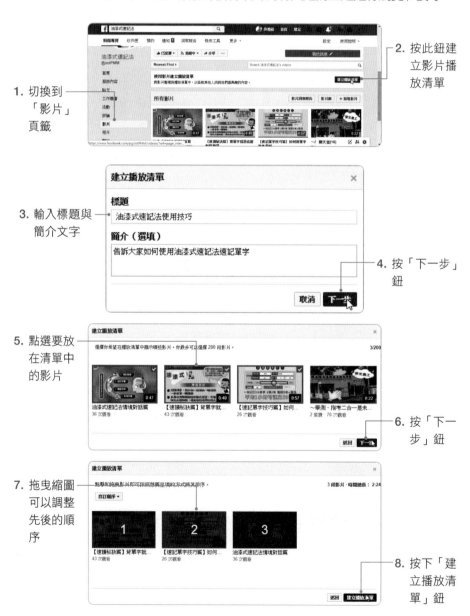

1. 切換到「影片」頁籤

2. 按此鈕建立影片播放清單

3. 輸入標題與簡介文字

4. 按「下一步」鈕

5. 點選要放在清單中的影片

6. 按「下一步」鈕

7. 拖曳縮圖可以調整先後的順序

8. 按下「建立播放清單」鈕

完成播放清
單的設定

精選影片置頂行銷

對於已經上傳的影片,如果有特別精彩的想要推薦給粉絲們,可以將精選的
影片置頂,之後只要切換到「影片」頁籤,就會以最大的尺寸來顯示該影
片。設定方式如下:

1. 點選「影
片」頁籤

2. 由此按下
「選擇影
片」鈕

3. 選取影片

4. 按下「新
增精選影
片」鈕

以最大尺寸
顯示精選影
片

若要再次變更精選影片或不再顯示,請從影片右上方按下 ✎ 鈕進行變更。

▶ 影片加入中／英文字幕

以臉書來說，影片、直播的觸及人數和吸引力通常比貼文高出許多倍，影片廣告不管是品牌意識還是再行銷都是很好用的管道，所以建議有製作影片的就盡量把影片放到貼文中，並且最好能為影片加入字幕，因為許多人是在沒有聲音的情況下觀看影片，加入字幕將可讓觀眾更了解影片的內容。字幕檔的格式是 *.srt，這是一種簡單的文字格式，可用記事本或 Word 程式開啟，其組成包含一行字幕序號，一行時間代碼，一行字幕資料。如下圖所示：

若想要替影片加入字幕，請在新增影片時由視窗右側點選「字幕」，就能看到如下的畫面。

按下「撰寫」鈕將會進入如下視窗，可利用右側將文字貼入，下方的時間軸控制字幕的開始與長度，再由預覽視窗觀看效果，確認可以即可儲存草稿。

預覽字幕出現的時間、長度、與顯示效果

由此將旁白文字依序貼入

由此控制字幕開始的位置與長度

若是要加入英文字幕，可按下「上傳」鈕進行 srt 格式的上傳，以英文字幕為例，檔名必須命名為「filename.en_US.srt」才能上傳成功，而加入的字幕版本，皆會在視窗中顯示。

字幕已上傳的語系

字幕處理後，再將影片依照一般方式加入標題、設定縮圖與播放範圍，即可進行發佈。

▶「我的珍藏」影片

在臉書上瀏覽影片時，如果看到喜歡的影片可以將它下載並列入「我的珍藏」之中，以後隨時能從「我的珍藏」中把它叫出來欣賞。設定方式如下：

1. 由臉書上找到並點選喜歡的影片

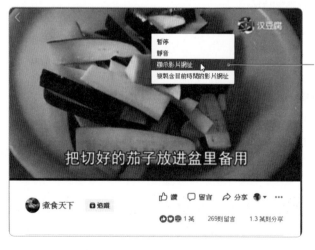

2. 按右鍵於影片上，選擇「顯示影片網址」指令

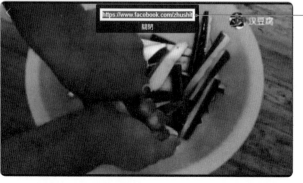

3. 複製影片網址

4. 貼入影片網址後，將「www」變更為「m」

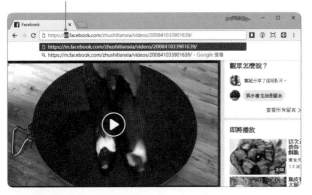

5. 按此鈕，下拉選擇「儲存影片」指令

影片儲存後會存放在個人臉書的「我的珍藏」中，各位可以透過以下方式來瀏覽。

1. 按此鈕

2. 點選「我的珍藏」

3. 顯示剛剛
所珍藏的
影片

如果是用手機看到喜歡的影片欲儲存，則請點選影片並按下右上方的 ⋮ 鈕
後，下方會顯示選單，直接點選「儲存影片」鈕就可將影片儲存下來。

1. 按此鈕

2. 點選「儲存
影片」指令

3. 由手機右上角
按下選項鈕，
切換到「我的
珍藏」，就可
以看到剛剛儲
存的項目

超吸睛行銷應用程式

臉書中除了相片／相簿、影片是大家最常使用的應用程式外，還有許多的小程式可讓貼文的呈現更豐富有趣，例如：網誌的撰寫、條列式清單、票選活動、標註商品、徵才貼文、感受活動…等，這裡就來看看以下的私房應用程式可以做出哪些效果。

網誌撰寫指南

所謂的「網誌」指的就是網路日誌，也就是通稱的部落格（Blog），從提供網友分享個人日誌的「心情故事」，擴散成充滿無限商機的「行銷媒體」。網誌內的主題內容，其出發點都應以客戶的立場思考，讓客戶成為真正的受益者，避免直接明示產品或服務，一個不適當的評論或貼文可能瞬間讓你流失數百個粉絲，透過消費者感興趣的內容來潛移默化地傳遞品牌價值，更容易帶來長期的行銷效益，甚至讓人們主動幫你分享內容，達到產品行銷的目的。

網誌的主人除了發表文章，分享個人的生活感想，也能收到讀者的回應，屬於個人創作發表與交流的管道。網誌的特點就是主人不需要懂得任何 HTML 標記或程式語法，就能自行建立創作與行銷平台。臉書裡也可以撰寫網誌，只要在貼文區下方點選「撰寫網誌」🗐 鈕，就能進入如下的視窗編寫內容。

3. 加入文章

1. 拖曳或點擊可新增相片

2. 加入標題

4. 按此鈕進行發佈

5. 顯示網誌
發佈成功

6. 按此鈕關
閉視窗

臉書雖是社交網站，但也可做為部落格，其呈現出來的效果也和貼文雷同，切換到「網誌」頁籤，就可以看到剛剛張貼的內容。

條列式清單貼文

想要以條列式的清單顯示各項資訊嗎？臉書的「清單」功能，能幫你建立美美的清單，還能自由選定清單的顏色。請在貼文區下方點選「清單」，臉書就會顯示如左下圖中的各種標題供你選用，點選任一項標題就會顯示預設的色彩。如左下圖所示，選用了「建立清單並自訂標題」的選項後，即出

現右下圖的畫面，除了貼文內容外，下方的清單標題與項目可使用複製／貼上的方式加入文字，按「新增其他項目」鈕可加入更多的清單項目，非常方便。

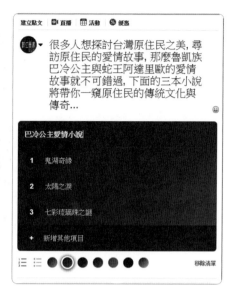

⑯ 預設的清單有各種標題可選用　　　　⑯ 清單有各種色彩可套用

設定完成後按下「立即分享」鈕，下圖便是清單呈現的效果。

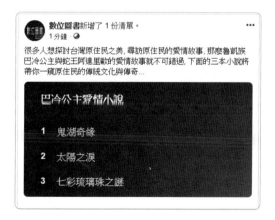

▶ 加入表情符號

根據調查顯示，很多用戶每天都會使用表情符號，而且有一半以上的回文至少使用到一個以上的表情符號。有效利用符號不但可以輕鬆表達當下的心情，還可以透過符號來加強宣導並吸引用戶目光。經常在別人的貼文中看到許多小巧可愛的圖案，不管是各種臉部表情、吃、喝、玩、樂、看、聽、慶祝、支持、同意⋯等，都可看到可愛的小插圖穿插在文字當中。要在貼文中加入這些小插圖，可在貼文區下方點選「感受／活動」😀，接著點選類別、再依序點選次要的項目，就能加入期望的貼文圖案了。

🛜 先點選主類別

🛜 接著選擇次要選項

如圖所示，要加入的是前往旅遊地的圖案，當選擇國家或城市時，還會自動插入該地區的地圖。

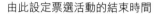 建立票選行銷活動

在臉書中可以建立票選活動，讓你向其他網友發問問題，網友可在兩個選項中擇一回答，選項部份可以使用文字，或是加入相片或 GIF 圖檔，也可以設定票選活動結束的時間。

由此設定票選活動的結束時間

🛜 選項只有兩個　　　　　　🛜 選項加入相片的效果

設定票選活動後會看到如下的效果，用戶只須點選相片即可進行投票。而投票的結果將在「洞察報告」的標籤中查看到。

用戶直接點選相片即可進行投票

票選活動的發佈結果

顯示投票情況

發佈徵才貼文

透過粉絲專頁，管理者也可以發佈徵才貼文，許多中小企業早已開始使用臉書找到適合的人才。利用粉絲專頁刊登職缺是免費的，而且有興趣的人可以先透過粉絲頁來了解商家，再進一步提出履歷申請，而應徵者提出求職申請後，管理者可直接利用 Messenger 來追蹤和審閱求職申請。

要發佈徵才貼文，請由貼文區塊上方點選「工作機會」 鈕，出現如下圖的視窗，請上傳相片、填寫職稱、薪資、工作類型、詳細資料、其他問題、電子郵件等相關資訊，按下「發佈徵才貼文」鈕就完成徵才的公告。

1. 輸入相關資料後按此鈕預覽職缺

2. 確認沒問題後，按此鈕發佈徵才貼文

標註商品

粉絲專頁上如果是以商品的行銷為主軸，那麼管理員除可查看商品的目錄，也可以在貼文之中標註 30 項以內的商品。針對「編輯相片」部分，除了能為相片加入濾鏡、標註商品名稱與編號，也可以剪裁圖片、加入文字、加入貼圖來增加產品曝光率。

若是由貼文區塊下點選「標註商品 」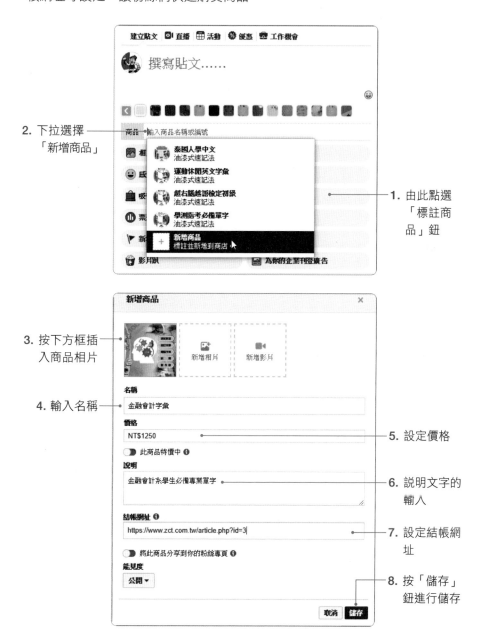 鈕，則可進行商品品稱、價格、結帳網址等設定，讓粉絲們快速購買商品。

2. 下拉選擇「新增商品」

3. 按下方框插入商品相片

4. 輸入名稱

1. 由此點選「標註商品」鈕

5. 設定價格

6. 說明文字的輸入

7. 設定結帳網址

8. 按「儲存」鈕進行儲存

創意社交外掛程式

在經營粉絲頁和官方網站時，如果希望兩處的粉絲和用戶都能匯流在一起，讓瀏覽官網的人也能同時到粉絲專頁中按讚或做分享，那麼就要對社交外掛程式有所了解。社交外掛程式可運用在電腦網頁、android 手機、蘋果手機等平台上，使加入「讚」、「分享」、「發送」等按鈕，或是內嵌留言、貼文、影片等。

電腦版加入外掛程式並不需要具備開發人員的資格就可加入外掛程式，而手機上使用外掛程式則必須註冊為開發人員，同時要提交並經過審查才行使用。粉絲專頁建置外掛程式，可方便管理者在自己的網站上內嵌和推廣粉絲專頁。

常見社交外掛

臉書上常見的外掛程式與功能包含如下幾種：

- **社團外掛程式**：用戶從電子郵件訊息中或網頁上的連結加入您的臉書社團。

- **「儲存」按鈕**：用戶將商品或服務儲存到臉書的個人清單，方便做分享和接收通知。

- **按「讚」鈕**：用戶按一下按鈕，就能將網頁內容分享到個人臉書的檔案中，供朋友瀏覽。

- **按「分享」鈕**：用戶將內容分享到臉書上，或是給特定朋友、社團。

- **按「發送」鈕**：可透過私人訊息將內容傳送給朋友。

- **內嵌留言**：能將公開的留言置入到網站或網頁中。

- **內嵌貼文**：可將公開的貼文置入其他網站或網頁中。

- **內嵌影片和直播視訊播放器**：在網頁中加入影片或直播視訊，而影片來源則是粉絲專頁上公開發佈的影片貼文。

- 引文外掛程式：用戶選擇專頁上的文字，並新增到自己分享的內容中。
- 社團外掛程式：用戶從電子郵件訊息中或網頁上連結到社團。
- 留言外掛程式：用戶可以使用自己臉書帳號來回應貼文。

上述的這些外掛程式，各位可以在如下的網址中取得說明。網址為：https://developers.facebook.com/docs/plugins。

想使用這些外掛程式功能，首先各位必須對於 HTML 的語法有所了解，能概略看懂程式碼和標籤的含意，才有辦法將取得的的程式碼範例複製到網站之中，然後再針對網站畫面的需求進行屬性的修改。

⊙ 最暖心的外掛程式

首先請各位選定要使用的網頁或粉絲專頁網址，接著決定要加入的外掛程式或按鈕。這裡以網頁版的「讚」按鈕為例，請在上頁的網址裡找到「讚」按鈕的標題，接著按下「網頁」鈕，如圖示：

下圖中會看到「讚」按鈕配置器，請將網址貼入至「按讚的網址」中，「版面設計」提供 standard、box_count、button_count、button 等四種不同的效果，按鈕大小有只有 large 和 small 兩種尺寸，設定之後可在下方預覽版面效果。

再按下「取得程式碼」鈕，會跳出如下的程式碼，請將第一段的程式碼複製後，放置在網頁開始處的 <body> 和 </body> 之中，這是社群外掛程式的載入的程式。第二段的程式碼則是複製後放在按鈕要顯示的位置上，完成後儲存網頁檔，之後在網頁上即看到所加入的「讚」按鈕了。

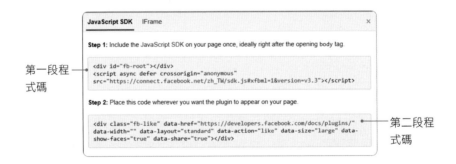

除了將上述的程式碼拷貝到網頁中，臉書也提供相關的語法供各位參考，方便管理者調整屬性或版面。

6

最霸氣的實店業績
提高工作術

#認識地標與打卡

#「探索周邊」在地服務

#臉書市集（Facebook Marketplace）教戰指南

#小兵立大功的臉書免費廣告

 讚　　　 留言　　　 分享

現代人搭捷運時喜歡滑手機、上班時用桌機、下班後邊看電視邊看臉書、晚上睡不著覺時玩遊戲機，而自從臉書推出「打卡」功能後，很多人一到達某個旅遊勝地或餐廳，第一件事就是使用手機進行打卡，用以昭告親朋好友我來此一遊。看準此一特點，商家當然不能放過這樣的好機會，很多新開幕的店家，都會透過「打卡」功能進行行銷，只要來店客戶在店內用餐打卡，就會以贈送餐點或折扣優惠方式給予來店顧客，藉用最少的成本，擴散餐廳的影響力，再加上顧客圖文並茂的貼文分享，吸引更多慕名而來的顧客。

貼文中直接點選商家名稱，即可前往該店家的粉絲專頁，增加曝光機會

臉書上的貼文內容也是商家的活廣告，讓看到這篇貼文的網友也會想去消費

透過打卡能得知自己的朋友群中，有哪些人曾去過一樣的地方，也能即時揭露自己所在的位置，許多人樂於藉此分享身邊的新鮮事，更能在朋友圈中增加話題與互動。一般來說，只要店家品牌定位清楚，以「顧客」的角度出發，提供客人一段難以忘懷的經驗，從物質滿足到精神層面，這樣就能讓顧客持續性的消費，源源不斷的口碑也成為店家最好的廣告。

本章內容將針對打卡與地標相關設定進行行銷應用做說明，另外還介紹臉書的 Marketplace，讓你也可以成為 Marketplace 的賣家，增加商品的曝光和銷售機會。

認識地標與打卡

「地標」通常是指具有獨特的地理特色或自然景觀地形，讓遊客可以看地圖就認知所處的位置。例如 101 摩天大樓、中正紀念堂、高雄愛河、台南孔子廟…等，都是台灣知名的地標。當有人在臉書上進行打卡而新增地點，或是在個人資料中輸入任何與地址有關的資訊，這些地點資訊就會變成「地標」。

在臉書中地標對於行銷的用途，就是把自己的店當成一個景點，讓訪客利用打卡跟朋友圈告知來過這個點，而在打卡時拍的店家照片或有趣的文字描述，不知不覺中為店家帶來宣傳效果。所以各位在臉書進行搜尋時，可以在「地標」的標籤頁中看到這些地點，另外，切換到「粉絲專頁」標籤，也可以看到這些地點的粉絲專頁。

搜尋商家名稱，可看到商家顯示在「地標」中

切換到「粉絲專頁」也可以看到商家名稱

其實「地標」也是粉絲專頁的一種，只是多了打卡功能，有多少人曾在此地標打卡都可看得一清二楚。

顯示在此打卡的人數

地標打卡

「打卡」屬於在地化的服務，讓各個品牌們能夠以折扣或優惠的方式來吸引顧客並建立粉絲群。例如顧客到餐廳用餐並打卡，意味著客戶認同此一餐館，不儘可以凝聚人氣，也可以增加商家的知名度，讓打卡者的朋友也有機會認識這一商家。因此很多新開幕的店家，都會透過「打卡」功能進行店面的行銷，只要顧客的評價是好的，其他看到的朋友就有機會來此消費。

利用手機在店家進行打卡，除了可帶出打卡的名稱外，還可顯示打卡的位置。例如在手機的臉書 App 上按下「在想些什麼？」的區塊，進入「建立貼文」的畫面，接著點選下方的「打卡」鈕，手機會自動將你所在位置附近的各個地標顯示出來，直接由清單中點選你要打卡的地標即可。

2. 顯示所在位置附近的地標,直接找到店家店名即可

1. 按「打卡」鈕

接下來臉書會列出很多的選項讓各位選擇,如左下圖所示,可以直接點選選項,它會自動幫你加註在貼文之中,也可以按右上角的「略過」鈕。設定之後該地標的位置就會顯示在地圖上,各位只要輸入想法就可以進行「分享」,完成打卡的動作。

輕鬆為你標註內容和餐廳名稱

由此還可標註朋友或加入感受、貼圖

▶ 標註朋友 / 感受 / 貼圖

當你在某個地點進行打卡時，也可以一併將朋友標註進去，在訊息中直接找到相關的人，達到更方便溝通與交流的便利，如右上圖所示，按下右下角的 👥 鈕，就會顯示「標註朋友」的畫面，直接選取朋友，按下「完成」鈕，該名成員就會標註在貼文之中。

2. 按下「完成」鈕

3. 顯示標註的成員

1. 點選想要標註的名字

而打卡時除了標註朋友外，亦能加入個人的感受或從事的活動喔！請在畫面右下角按下 😊 鈕，再從出現的選單中選擇「感受 / 活動 / 貼圖」，即可看到如下的「感受」、「貼圖」、「活動」等標籤，選定你要的感受或活動即可加入打卡之中。

▶ 建立打卡新地標

如果商家尚未建立打卡點,那麼這裡就告訴你如何建立新地標。目前地標的建立只能使用行動裝置來建立,請同上方式在臉書中按下「打卡」鈕,因為尚未建立打卡地標,所以顯示的清單中不會有商家的地標。請在「搜尋地標」的欄位處輸入你要建立的新地標,如我們輸入「榮欽科技」,接著按下「新增地標」的方框。

1. 輸入要建立的新地標名稱

2. 按下此鈕新增地標

第一次建立的新地標,臉書會詢問地標屬於何種類型,請在下方依序選取適合的類別後,接著設定地標所在的城市,如果你現在就在該地標的位置,可直接點選「我目前在這裡」。如果人不在當地,也是可以建立地標呦。

新地標的名稱、類別、位置建立後,按下右上角的「建立」鈕,就可以將新地標新增至臉書中,這樣貼文上就會顯示你所新標記的地標,也會把地標標註在地圖上,各位只要輸入你想說的文字內容,再按下「分享」鈕就完成打卡的動作囉!

按下「建立」鈕
在臉書中建立新
地標

按下「分享」鈕
即可完成打卡

開啟打卡功能

「打卡」不同於「按讚」,「按讚」是粉絲頁的預設功能,而且只能執行一次,而「打卡」沒有次數的限制,目的在標示自己的位置。所以各位所建立的粉絲專頁,如果是營業場所、公共場地、餐館,想要開啟打卡功能,讓其他人可在該地進行打卡,則必須在「編輯粉絲專頁資訊」中開啟打卡地標功能。

請在粉絲專頁左下方切換到「關於」頁籤,接著點選右上方的「粉絲專頁資訊」鈕,使進入「編輯詳細資料」的視窗。

1. 點選「關於」

2. 按下「編輯粉絲專頁資訊」鈕

請在「地點」標籤中輸入店家的地址,再勾選「顧客造訪位於此地址的實體店面」的選項,若無勾選將會隱藏地址和打卡紀錄。

1. 輸入商家地址資訊

2. 勾選此項,使開啟打卡功能

雖然打卡功能很方便,但是擁有粉絲專頁的企業並不一定都需要有打卡功能,像是有些公司行號並不希望外賓參觀,或是粉絲專頁是以個人形象或品牌經營為主,並沒有實體店面的存在,就不需要有打卡功能,而多數的餐飲店面或遊樂場所則需要地標打卡來衝高人氣。

⊙ 整合地標與粉絲專頁

商家利用臉書進行行銷時,除了使用「打卡地標」功能,讓自己的實體店面成為打卡景點,透過顧客打卡時的相片、文字說明、感受、貼圖等分享方式來增加店面的曝光機會。另外就是使用「粉絲專頁」來發佈店家的貼文、照片、影片,以及公布營業時間、菜單、優惠活動等相關資訊,透過粉絲專頁提供給顧客評價或做詢問的管道。

臉書上的打卡地標，有些是顧客自行新建的，商家並未認領地標，有些商家擁有粉絲專頁但是沒地標，或是商家已經同時擁有地標和粉絲專頁，那麼為了提高實體店面的業績和曝光率並行銷商家，此時不妨考慮將地標打卡與粉絲專頁整合在一起，讓地標打卡的客戶來此打卡後，也能到粉絲專頁中瀏覽商家的商品資訊或營業時間等，更深一層的了解店家。

下面我們針對商家是否有地標或粉絲專頁的部分做簡要的說明：

▼ 沒有粉絲專頁，沒有地標

如果店家沒有粉絲專頁，也沒有地標，那麼最好先「建立」地標，然後再「認領」地標，通過認證後這個地標會直接變成粉絲專頁，而且是由店家來自行經營。

▼ 有粉絲專頁，沒有地標

如果已經擁有粉絲專頁，只是沒有設定過地標，那麼只要開啟粉絲專頁的打卡功能即可。

▼ 有粉絲專頁，有地標

如果同時擁有粉絲專頁和地標，只是當初沒有合併在一起，但打卡數已經累積到一定的量，就必須先認領地標，再把這些打卡數合併過來。

「探索周邊」在地服務

在行動寬頻、網路和雲端產業的帶動下，全球行動裝置快速發展，除了在臉書與朋友相互交流外，外出旅遊也可直接查看天氣、搜尋路線、找尋當地名勝、人氣小吃與各種消費資訊時刻接收各項行銷資訊，進一步加深品牌或產品的印象。

目前臉書應用程式有推出「探索周邊」的服務，可以協助手機用戶探索朋友推薦的地標和事物，而這些建議主要來自於朋友的推薦、打卡、按讚。請由臉書 App 右上角按下 ☰ 鈕，再由清單中點選「探索周邊」的選項，就能查看到吃、喝、玩、樂、地標等資訊。

1. 先按此鈕

2. 點選「探索周邊」

「探索周邊」會列出你所專屬的本週熱門精選、互動過的附近地標、朋友最近造訪過的地標、周邊地標的最新動態、熱門地標、附近最棒的晚餐地點、簡單方便的平價美食、可能會喜歡的活動、當地人推薦的早餐地點、海鮮餐廳、聚餐活動、周邊地標的最新動態…等各項資訊，直接以手指上下滑動即可查看。

以手指上下滑動，可查詢所在位置附近的商家資訊

手機用戶也可以透過上方的「吃吃喝喝」、「看看玩玩」、「活動」、「地標紀錄」等四個類別來進行篩選條件，查詢自己目前所在地附近，有哪些食衣住行育樂的店家場所，如果該店的粉絲專頁看起來不錯，就會讓手機用戶直接過去消費，或是立即發送訊息或通話與店家連絡。

四種類別可篩選條件

顯示吃吃喝喝的篩選畫面

▶ 開啟定址服務

臉書的「探索周邊」服務僅限定在 iPhone 和 Android 的智慧型手機上，而且使用前手機用戶必須先開啟定址服務（Location Based Service）。手機用戶若要開啟定址服務，請從手機桌面按下「設定」圖示，進入「設定」畫面後找到「位置」選項，從裡面開啟「定位方式」，如此一來，臉書應用程式才能夠存取地點。設定完成後，重新啟動手機的臉書應用程式，「探索周邊」服務的功能就可以使用了。

> **TIPS** 定址服務（Location Based Service, LBS）或稱為「適地性服務」，是行動行銷中相當成功的環境感知的創新應用，可以提供及時的定位服務，達到更佳的個人化服務。例如當消費者在到達某個商業區時，可以利用手機等無線上網終端設備，快速查詢所在位置周邊的商店、場所以及活動等即時資訊。

🛜 Android 手機開啟定址服務功能

▶ 店家的在地服務

定址服務有著精準的目標客群、行銷預算低廉、廣告效果即時的顯著優點，只要消費者在指定時段內進入該商店所在的區域，就會立即收到相關的行銷簡訊，為商家創造額外的營收。這項在地服務對企業商家而言，只要能出現在「探索周邊」的清單中，就有機會提高店面的業績。

要想確定自己商家的資訊，是否也能夠出現在這項服務當中？請可以在自家商店內，以手機連上臉書 App，依上述的方式點選「探索周邊」，如果地圖上有出現自家粉絲專頁的圖示和資訊，即表示已經有在地服務。

點選地標圖示，會在下方顯示商家資訊

一般來說，自家粉絲專頁中若有完整填寫商家的基本資訊，包括名稱、類別、電話、營業時間、短網址、簡介等各項資訊，同時整合地標打卡與粉絲專頁，只要打卡人數眾多，就有機會出現在「熱門地標」的類別中，另外當地人的推薦或粉絲專頁的評價也有關聯，因此商家除了要在意網路行銷的方法外，最重要的還是商品的品質，唯有二者同時兼顧，才是提升實體店面業績的不二法門。

臉書市集（Facebook Marketplace）教戰指南

臉書的 Marketplace 是因應臉書用戶購物拍賣的需求而產生的，可張貼商品訊息、搜尋其他商品，或直接傳訊息與買家或賣家聯繫。由於網友會造訪購物拍賣的社團，或是在粉絲專頁中的商店專區（Facebook Shop）進行購物，且多數網友在購物時都傾向透過私訊方式與店家進行聯繫，完成購買程序。Facebook 為了讓臉書用戶有更直覺的方式購買商品，所以推出了

Marketplace。請在臉書 App 按下 三 鈕，再下拉點選「Marketplace」 選項，就會切換到 Marketplace。

Marketplace 提供各種類型的拍賣物品

Marketplace 也有商家的行銷廣告，可進入商家網站進行購物

▶ 購買商品

Marketplace 上的拍賣物品相當多元化，可以直接在畫面頂端搜尋列進行商品的蒐尋，找到商品所在地點距離、品項類別、價格等排序，或用手指上下滑動來瀏覽各項拍賣的商品。由於 Marketplace 以直觀的方式運用照片搜尋附近拍賣的商品，各位可以直接點選圖片進入商品資訊的畫面，按下「傳送」鈕就可以知道是否還有存貨，有其他問題也可以發送訊息給賣家，相當方便。

由此輸入想要搜尋的目標物

點選商品後，可以看到賣家地點、產品說明，或向賣家詢問詳情

預設值會詢問商家是否還有存貨，直接按下「傳送」鈕傳送訊

針對喜歡的商品，你可以在商品下方先按下 🔖 鈕進行儲存，等到都搜尋完成後再一起瀏覽或做抉擇。

按此鈕可以先儲存該項商品

想要瀏覽你所儲存的項目，請在 Marketplace 上方按下「你」 👤 鈕，接著點選「我的珍藏」，即可看到所珍藏的商品項目，直接點選商品圖片即可瀏覽商品或與賣家聯繫。

在 Marketplace 裡，臉書不會干涉付款或交易流程，更不會插手運送貨物流等，僅是交易媒合的場所。

▶ 販售商品

由於 Marketplace 比其他傳統的拍賣網站更簡便，商家不需要填寫一大堆資料和商品細節，只要預先將拍賣的商品拍照下來，輸入商品名稱、商品描述和價格，確認商品所在地點，同時選擇商品的類別，即可進行商品發佈。當商家選擇將此拍賣文發佈到 Marketplace 或其他拍賣性質的社團中，所有正在查看你設置地的所有人，皆可找到你的商品。由於 Marketplace 商品都是公開的內容，無論是否為臉書用戶皆能看到，透過此方式販賣商品也能增加商品的銷售業績。

當想在 Marketplace 販賣商品時，請於 Marketplace 上方按下「你」 👤 鈕，接著在左下圖中點選「你的刊登商品」，再從右下圖的畫面上方按點「你想賣些什麼？」，下方的類別視窗就會跳出來，請依照商品性質選擇合適的商品類別。

進入「新物件」畫面後，按下上方的「新增相片」鈕將已拍攝好的相片加入，依序輸入商品的名稱、價格、選擇目錄、並加入商品的說明文字。輸入完成按下「繼續」鈕將可勾選要發佈的社群網站，再按下「發佈」鈕發送出去。

2. 按「繼續」鈕

3. 點選要公開分享的社群網站

1. 插入商品照片並輸入相關資訊

4. 按下「發佈」鈕發佈販賣文

發佈商品後你會看到所販賣你的商品，如果還有其他的商品想要拍賣，直接按下「新商品」鈕就可以繼續進行銷售。

▶ 管理與編輯拍賣商品

在 Marketplace 上，商家要管理所拍賣的商品也很容易，如左下圖所示，你所販賣的商品件數自動會顯示在「你的刊登商品」之後，點選進入後會看到目前販賣中的商品，如果有買家傳送訊息給你，就會在下方的欄位顯示出來。

另外，點選「分享」鈕會出現左下圖的畫面，讓商家撰寫貼文、複製連結、或是以 Messenger 傳送。點選 ••• 鈕則可重新編輯商品詳細資訊、刪除商品、或是發佈到其他地方，如右下圖所示。

 小兵立大功的臉書免費廣告

雖然社群行銷是成本較低的方式,但不代表完全免費,在臉書中刊登廣告,更是快速又精準行銷的一個方式。如果要讓廣告效益最大化,建議長期購買,讓粉絲團維持在一定的活躍度。廣告其實不在於規模與費用多寡,而是在於開啟跟粉絲接觸的第一步,廣告投放絕對不是臉書行銷的重點,而只是一個必要的協助,可以透過付費的廣告,來增加網頁的流量,影響潛在的特定客群。

臉書上進行廣告行銷,有免費的廣告支援,也有付費的廣告讓你擴充版圖,二者都要善加利用,不僅能建立口碑和商譽外,也可用最少的花費得到最大的商業利益。至於費用的支付方式,包括 PayPal、信用卡,或將廣告費用預先存入帳戶,等廣告開始刊登時再一次收取廣告費。

臉書的用戶不但,資訊分享速度快,更沒有國界地域的限制,只要透過分享,就可以增加品牌或商品的曝光機會,並與粉絲聯絡感情。藉由口耳相傳,不用成本也能獲得無限的商機,像是張貼活動宣傳廣告,貼文一出,有興趣的粉絲們就會自動上門詢問,藉此機會蒐集客戶名單,或是將拍攝的視訊影片一材多用,除了吸引目光外,還能宣傳相關的各項商品。

儘管滑臉書似乎已成了一種習慣，但並非每個人看到廣告就會馬上熟悉你的品牌，還需要多多發佈貼文來獲得更多的按讚數，包括利用不同的貼文形式以增加網站流量與討論人數，或是領取優惠券來增加門市的來客數等，利用臉書所提供的免費廣告，行銷人員將其運用在商品推廣上，洞悉顧客的喜好，投其所好進行宣傳，達到行銷的訴求與獲利的目的。

MEMO

CHAPTER

7

打造集客瘋潮的
IG 視覺體驗

#初試 IG 的異想世界

#個人檔案建立關鍵要領

#廣邀朋友的獨門技巧

#貼文撰寫的文筆技巧

#貼文的夢幻變身密技

#桌機上玩 IG

 999 個讚

公車上、人行道、辦公室，處處可見埋頭滑手機的人群，透過手機使用社群的人口正在快速成長，Instagram（IG）是一款依靠行動裝置興起的免費社群軟體，許多年輕人幾乎每天一睜開眼就先上 Instagram，關注朋友們的最新動態，用戶利用手機將拍攝的相片，透過濾鏡效果處理後變成美美的藝術相片，還能加入心情文字、隨意塗鴉讓相片更有趣生動，並連結分享到 Facebook、Twitter、Tumblr…等社群網站。

📶 ESPRIT 透過 IG 發佈時尚短片，引起全球廣大迴響

📷 初試 IG 的異想世界

現在無論是政府或品牌都紛紛在尋找一個能接觸年輕族群的管道，而聚集了許多年輕族群的 Instagram 自然成了各家首選。Instagram 是一款免費提供線上圖片及視訊分享的社交應用軟體，對於行銷人員而言，需要關心 Instagram 的原因是能接觸到潛在受眾，尤其是 15-30 歲的受眾群體。根據天下雜誌調查，Instagram 在台灣 24 歲以下的年輕用戶就佔了 46.1%。

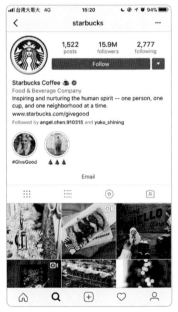

📶 星巴克經常在 IG 上推出促銷活動

懂得利用 IG 的龐大社群網路系統，藉由社群的人氣，增加粉絲們對於企業品牌的印象，將更有利於聚集目標客群並帶動業績成長，使用上建議以手機為主，方便進行美拍、瀏覽、互動或行銷。Instagram 主要在 iOS 與 Android 兩大作業系統上使用，也可以在電腦上做登錄，用以查看或編輯個人相簿。官網：https://www.IG.com/。

還沒開始用 Instagram 的你請看過來，這裡教你如何從手機下載 Instagram App，學會 Instagram 帳戶的申請和登入。

LG 使用 IG 行銷帶動新手機上市熱潮

從手機安裝 IG

iPhone 的用戶，請至 App Store 搜尋「Instagram」關鍵字；Android 的用戶，請於「Play 商店」搜尋「Instagram」，找到該程式後按下「安裝」鈕即可進行安裝。安裝完成桌面上會看到 圖示，點選該圖示鈕就可進行註冊或登入的動作。

安裝完成，手機桌面顯示 IG 圖示

按此鈕安裝 IG App

由於 Instagram 已納入 Facebook 旗下，如果你是臉書用戶時，只要在臉書已登入的狀態下申請 Instagram 帳戶，就可以快速以臉書帳戶登入。如果沒有臉書帳號，就請以手機電話號碼或電子郵件來進行註冊，選擇以電話號碼申請時，輸入的手機號碼會自動顯示在畫面上，按「下一步」鈕後Instagram 會發簡訊給你，收到認證碼後將認證碼輸入即可；如果是以電子郵件進行申請，則請輸入郵件全址和密碼來進行註冊。

IG 可以直接使用臉書帳號進行申請和登入

也可以選用手機電話號碼或電子郵件進行註冊

選擇之後按「下一步」鈕繼續進行設定

Instagram 比較特別的地方是除了真實姓名外還有一個「用戶名稱」，當你分享相片或是到處按讚時，會以「用戶名稱」顯示，用戶名稱可隨時更改，因為 IG 帳號是跟註冊的信箱綁在一起，所以申請註冊時會收到一封確認電子郵件地址的信函。

註冊的過程中，Instagram 會貼心地讓申請者進行「Facebook」的朋友或手機「聯絡人」的追蹤設定，如左下圖所示。要追蹤「Facebook」的朋友請在朋友大頭貼後方按下藍色的「追蹤」鈕，使之變成白色的「追蹤中」鈕即完成追蹤設定，同樣的邀請 Facebook 朋友也只需按下藍色的「邀請」鈕，或是按「下一步」鈕先行略過，之後再從「設定」功能中進行用戶追蹤即可。

按下藍色按鈕就可以對臉書朋友進行「追蹤」或「邀請」

完成上述的步驟後就成功加入 Instagram 社群囉！無論選擇哪種註冊方式，各位已經朝向 Instagram 行銷的道路邁進。下回只要在手機桌面上按下 📷 鈕直接進入 Instagram，不需再輸入帳密。

個人檔案建立關鍵要領

經營個人的 IG 帳戶，可以是分享個人日常的大小事情，偶爾也可以進行商品的宣傳。倘若你是手工餅乾店的老闆，就可以分享平日製作手工餅乾的技巧與心得，介紹新研發的口味與特色，或是研發此類型餅乾的緣由。這樣的手法讓追蹤者閱讀起來較沒有壓力，也不會覺得是在販售商品，但是卻能達到行銷宣傳的效果。

想要一開始就給粉絲與好友一個好印象，那麼完善的個人檔案不可或缺，大頭貼和個人簡介都是其他用戶認識你的第一步。

個人簡介的內容可以隨時變更修改，也能與其他網站商城或社群平台做串接。要進行個人檔案的編輯，可在「個人」👤頁面上方點選「編輯個人檔案」鈕進入如下畫面，其中的「網站」欄位可輸入網址資料，如果有網路商店，那麼此欄務必填寫，因為它可以幫你把追蹤者帶到店裡進行購物。下方的「個人簡介」，請盡量將主要銷售的商品或特點寫入，並將其他可連結的社群或聯絡資訊加入，方便他人可以聯繫到你。

商家務必重視個人檔案的編寫，不管是用戶名稱、網站、個人簡介，都要從一開始就留給顧客一個好的印象

其他用戶所看到的資訊呈現效果

記住！「個人簡介」的欄位不要留下空白，完整資訊將為品牌留下好的第一印象，能夠清楚提供訊息會讓你看起來更具專業與權威，隨時檢閱個人簡介，試著用 30 字以內的文字敘述自己的品牌或產品內容，讓其他用戶可以看到你的最新資訊。

🔘 引爆吸客亮點的大頭貼

當有機會被其他 IG 用戶搜尋到，那麼第一眼被吸引的絕對是個人頁面上的大頭貼照，其重要性不言可喻。圓形的大頭貼照可以是個人相片，或是足以代表用戶特色的圖像，以便從一開始就緊抓粉絲的視覺動線。另外，也能以企業標誌（LOGO）來呈現，運用創意且吸睛的配色，讓品牌能夠一眼被認出，讓用戶對你的品牌／形象產生連結。

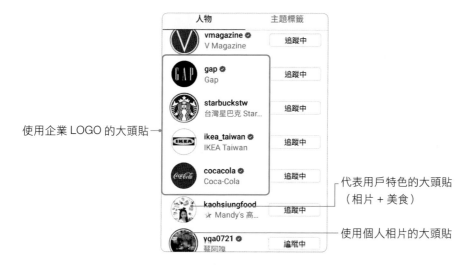

使用企業 LOGO 的大頭貼

代表用戶特色的大頭貼（相片＋美食）

使用個人相片的大頭貼

若要更換大頭貼相片，請在「編輯個人檔案」的頁面中按下圓形的大頭貼照，進入如右圖的選單，可選擇「從 Facebook 匯入」或「從 Twitter 匯入」指令，只要在已授權的情況下，就會直接將該社群的大頭貼匯入更新。若是要使用新的大頭貼照，就選擇「新的大頭貼照」來進行拍照或選取相片，此時可以在相片上進行創意配色或其他調整，讓品牌能一眼就被認出。

▶ 命名的贏家大思維

IG 所使用的帳戶名稱，命名時最好要能夠讓其他人用直覺就能夠搜尋，名稱與簡介能夠讓人一眼就看出來。所以若使用 Instagram 的目的在行銷自家的商品，那麼建議帳號名稱取一個與商品相關的好名字，並添加「商店」或「Shop」的關鍵字，方便容易被其他用戶搜尋到。

如左下圖所示的個人部落格，該用戶是以分享「高雄」美食為主，所以用戶名稱直接以「Kaohsiungfood」命名，而自然而然增加被搜尋到的機會。或是如右下圖所示，搜尋關鍵字「shop」，也很容易可看到該用戶的資料。

取一個與你行銷有關連的好名字吧！

千萬別以為用戶名稱無關緊要，用心選擇一個貼切於商品類別的好名稱，簡直就是成功一半，直覺地去命名，以朗朗上口好記且容易搜尋為原則，將來用在宣傳與行銷上，可幫助推廣商品。

▶ 新增商業帳號

在 Instagram 的帳號通常是屬於個人帳號，但若是要利用帳號做商品的行銷宣傳，則也可選擇商業模式的帳號。通常使用的若是商業帳號，自然是以經營專屬的品牌為主，主打商品的特色與優點，目的在宣傳商品，所以一般用戶不會特別按讚，追蹤者相對也比較少些。建議可以將個人帳號與商業帳號並用（因為 Instagram 允許一個人能同時擁有 5 個帳號）。早期使用不同帳號時必須先登出後，再以另一個帳號登入，現在已可以直接方便地作帳號切換。

同時在手機上想要經營兩個以上的 IG 帳號，須先到「個人」頁面中新增帳號。請在「設定」頁面最下方選擇「新增帳號」指令進行新增。新帳號若是還沒註冊，請先註冊新的帳號喔！如圖示：

擁有兩個以上的帳號後，若要切換到其他帳號時，請先選擇「登出」指令，登出後會看到左下圖，再點選「切換帳號」鈕，接著會顯示右下圖的畫面，只要輸入帳號的第一個字母，就會列出帳號清單，直接點選帳號名稱就可進行切換。

2. 出現帳號清單時，直接點選要登入的帳號即可

1. 按此切換帳號

此外，當手機已同時登入兩個以上的帳號後，就可以從「個人」頁面的左上角快速進行帳號的切換喔！

1. 按此鈕

2. 出現帳號清單時，直接點選要進入的帳號名稱

若沒看到其他帳號，也可以由此進行新增帳號

廣邀朋友的獨門技巧

經營 IG 真的需要花費時間做功課，想成功吸引有消費力的客群加入更是要不少心力。其實不管經營哪個社群平台，基本目標一定還是會在意粉絲數的增加，就跟開店一樣，要培養自己的客群，特別是剛開立帳號，商家們都期待可以觸及更多的人，一定會先邀請自己的好友幫你按讚，此時便有機會相

互追蹤，請他們為你上傳的影音 / 相片按讚（愛心）增強人氣。由「設定」頁面按下「邀請朋友」鈕，下方會列出各項應用程式，諸如 Messenger、電子郵件、LINE、Facebook、Skype、Gmail… 等，直接由列出清單中點選想要使用的程式圖鈕即可。

以手指滑動頁面，可看到更多的應用程式

▶ 以 Facebook/Messenger/LINE 邀請朋友

由各社群邀請朋友加入是件相當簡單的事，如下所示，Facebook 只要留個言，設定朋友範圍，即可「分享」出去。Messenger 只要按下「發送」鈕就直接傳送，或是 LINE 直接勾選人名，按下「確定」鈕，系統就會進行傳送。

🛜 Facebook 畫面　　　🛜 Messenger 畫面　　　🛜 LINE 畫面

貼文撰寫的文筆技巧

社群平台如果沒有長期的維護經營，有可能會使粉絲們取消關注。當雙方互動提高了，店家所要傳遞的品牌訊息就會變快速及方便，甚至粉絲都會主動幫你推播與傳達。

一次只強調一個重點，才能讓觀看者有深刻印象

保證零秒成交的貼文祕訣

對大多數人而言，使用 Facebook、Instagram 等社群網站的目的並不是要購買東西，所以在社群網站進行商品推廣時，不要一味地推銷商品，最好是在文章中不露痕跡地講述商品的優點和特色。用心構思對消費者有益的貼文，不起眼的小吃麵攤透過社群行銷，也能搖身變成外國旅客來訪時必吃美食，無名小卒也能搖身變成與知名連鎖店平起平坐的競爭對象。建議在 IG 上貼文發佈的頻率盡可能每天更新動態，或者一週發幾則近況，由於發文的頻率確實和追蹤人數的成長有絕對的關聯性，如果能夠規律性的發佈貼文，粉絲們就會願意定期追蹤你的動態。

在社群經營上,與消費者的互動是非常重要的,發佈貼文的目的是盡可能讓越多人看到。一張平凡的相片,搭配上一則好文章,也能搖身變成魅力十足的貼文。寫貼文時要注意標題的訂定,設身處地為客戶著想,了解他們喜歡聽什麼、看什麼,或是需要什麼,這樣撰寫出來的貼文較能引起共鳴。標題部分最好能有關鍵字,同時將關鍵字不斷出現在貼文中,再分享到各社群網站上增加觸及率。

設身處地為客戶著想,較容易撰寫出引人共鳴的貼文

按讚與留言

在 Instagram 中和他人互動是非常容易的事,對於朋友或追蹤對象所分享的相片 / 影片,如果喜歡的話可在相片 / 影片下方按下♡鈕,它會變成紅色的心型♥,這樣對方就會收到通知。如果想要留言給對方,則是按下◯鈕在「留言回應」的方框中進行留言。

按讚與留言

留言視窗

▶ 開啟貼文通知

不想錯過好友或粉絲所發佈的任何貼文時，可以在找到好友帳號後，從其右上角按下「選項」┋鈕，並從跳出的視窗中點選「開啟貼文通知」的選項，這樣好友所發佈的任何消息就不會錯過。

點選此項，好友發佈貼文都不會錯過

同樣地，想要關閉該好友的貼文通知，也是同上方式在跳出的視窗中點選「關閉貼文通知」指令就可完成。

▶ 偷偷加入驚喜元素

在貼文、留言或是個人檔案之中,可以適時地穿插一些幽默的元素,像是表情、動物、餐飲、蔬果、交通、標誌…等小圖示,在單調的文字中顯現活潑生動的視覺效果。

個人簡介中也可以穿插小圖示,以拉近和他人的距離

貼文中可加入各種生動活潑的小圖案作為點綴

要在貼文中加入這些小圖案也很容易,當輸入文字時,在手機中文鍵盤上按下 😊 鈕,就可以切換到小插圖的面板,如右下圖所示,最下方有各種的類別可以進行切換,點選喜歡的小圖示即可加入至貼文中。

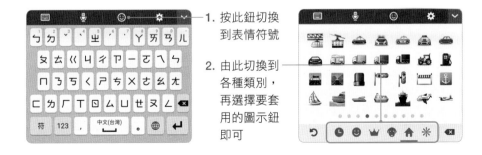

1. 按此鈕切換到表情符號

2. 由此切換到各種類別,再選擇要套用的圖示鈕即可

相機 📷 功能中的「文字」模式中也可以輕鬆為文字貼文加入各種小插圖，如左下圖所示。別忘了還有 😀 功能，使用趣味或藝術風格的特效拍攝影像，只需簡單的套用，便可透過濾鏡讓照片充滿搞怪及趣味性，讓相片做出各種驚奇的效果，偶爾運用也能增加貼文的趣味性喔！

文字貼文也可以加入小插圖

進行拍照時，按此鈕可加入各種特效

▶ 標註人物 / 地點

要在貼文中標註人物，只需在相片上點選人物，它就會出現「這是誰？」的黑色標籤，這時就可以在搜尋列輸入人名，不管是中文名字或是用戶名稱，IG 會自動幫你列出相關的人物，直接點選該人物的大頭貼就會自動標註，如右下圖所示。同樣地，標註地點也非常容易，輸入一兩個字後就可以在列出的清單中找到你要的地點。

由此進行人名和地點的標註

輸入用戶名稱或中文名字，就可以快速找到該用戶並進行標註

▶ 推播通知設定

在 IG 裡主要以留言為溝通的管道，當你接收到粉絲的留言時應該迅速回覆，一旦粉絲收到訊息通知，知道他的留言被回覆時，他也能從中獲得樂趣與滿足感。若與粉絲間的交流變密切，粉絲會更專注你在 IG 上的發文，甚至會分享到其他的社群之中。如果你希望任何人的留言 IG 都會通知你，那麼可在「設定」頁面的「推播通知」進行確認。

選此項進行通知設定

點選「推播通知」後，你可以針對以下幾項來選擇開啟或關閉通知，包括：對於讚、回應、留言的讚、有你在內的相片所收到的讚和留言、新粉絲、已接受的追蹤要求、IG 上的朋友、IG Direct、有你在內的相片、提醒、第一則貼文和限時動態、產品公告、觀看次數、直播視訊、個人簡介中的提及、IGTV 影片更新、視訊聊天。你可以針對需求來設定各項通知的開啟與關閉。

貼文的夢幻變身密技

社群媒體是最直接接觸到品牌的地方，也因此消費者時常在社群中提問，IG 的貼文需要花許多時間經營，貼文的表現重要性可想而知。各位想要建立一個有型又有色彩的文字貼文，在 IG 中也可以輕鬆辦到，用戶可以設定主題色彩和背景顏色，讓簡單的文字也變得有色彩。貼文不只是行銷工具，也能做為與消費者溝通或建立關係的橋樑，也可嘗試一些具有「邀請意味」的貼文，友善的向粉絲表示「和我們聊聊天吧！」以文字來推廣商品或理念時盡可能要聚焦，而且一次只強調一項重點，這樣才能讓觀看的粉絲有深刻的印象。

主題色彩的大器貼文

建立文字貼文最簡單的方式，就是利用「主題色彩」和「背景顏色」來快速製作。請在 IG「首頁」🏠 的左上角按下「相機」📷 鈕，在顯示的畫面最下方切換到「文字」，接著點按螢幕即可輸入文字。

按此鈕變換主題色彩

2. 點一下螢幕，開始輸入文字

3. 顯示你所輸入的文字內容

這裡變換背景顏色

1. 切換到「文字」

螢幕上方的橢圓形按鈕有提供打字機、粗體、現代、霓虹等主題色彩，按點該鈕會一併變更文字大小和字體顏色使符合該主題，而左下方的圓鈕可變換背景顏色。「打字機」的主題色彩因為可輸入較多的文字，所以還提供文字對齊的功能，可設定靠左、靠右、置中等方式。

這裡還可以繼續加入其他文字和效果

按此鈕設定文字對齊方式

1. 按此鈕表示文字設定完成

2. 選擇分享的方式

文字和主題色彩設定完成後，按下圓形的 ⟨ › ⟩ 鈕就會進入右上圖的畫面，點選「限時動態」、「摯友」、「傳送對象」等即可進行分享或傳送。

▶ 吸睛 100% 的文字貼文

各位可別小看「文字」貼文的功能，事實上，IG 的「文字」亦能變化出有設計味道的文字貼文，包括為文字自訂色彩、為文字框加底色、幫文字放大縮小、為文字旋轉方向、也可以將多組文字進行重疊編排，製作出與眾不同的文字貼文。

按此鈕可為文字框設定底色

拖曳文字時可「全選」文字，為文字設定顏色

長按於色塊會變成光譜，可自行調配顏色

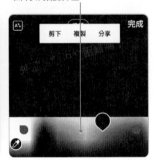

善用這些文字所提供的功能，就能在畫面上變化出多種的文字效果，組合編排這些文字來傳達行銷的主軸，也不失為簡單有效的方法。

按此鈕可將畫面儲存下來

按點一下文字就可以進入編輯狀態，再次編輯文字或屬性

按此鈕可新增文字內容

文字框加底色的效果

最後編輯的文字會放置在最上層

🔘 重新編輯上傳貼文

人難免有疏忽的時候，有時候貼文發佈出去才發現有錯別字，想要針對錯誤的資訊進行修正，可在貼文右上角按下「選項」 ⋮ 鈕，再由顯示的選項中點選「編輯」指令，即可編修文字資料。

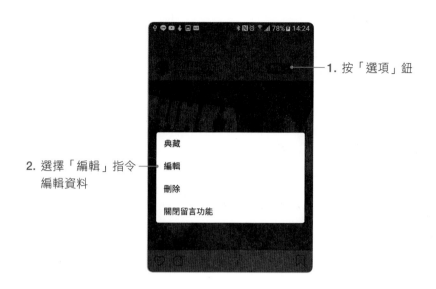

1. 按「選項」鈕

2. 選擇「編輯」指令
   編輯資料

📹 分享至其他社群網站

由於所有行銷的本質都是「連結」，對於不同受眾需要以不同平台進行推廣，將自己用心拍攝的圖片加上貼文貼至行銷活動中，有助於提升粉絲的品牌忠誠度。因此社群平台的互相結合能讓消費者討論熱度和延續的時間更長，理所當然成為推廣品牌最具影響力的管道之一。想將貼文或相片分享到 Facebook、Twitter、Tumblr 等社群網站，只要在下方進行點選使開啟該功能，按下「分享」鈕，相片/影片就傳送出去了。

如果選擇將相片
與摯友分享，則
分享至社群網站
的功能將自動關
閉，二者則一選
擇

藍色表示可以分
享到該社群網站

確認此功能已被
開啟

由於 IG 已被 Facebook 版圖，所以要將貼文分享到臉書相當的容易，請按下「進階設定」鈕進入視窗，並確認偏好設定中有開啟「分享貼文到 Facebook」的功能，這樣就可以自動將你的相片和貼文都分享到臉書上。

桌機上玩 IG

IG 社群雖然是行動版 App，直接透過智慧型手機來搜尋、瀏覽、編輯、發佈相片或影片相當地便利。但就社群行銷來說，很多影音資料都是存放在電腦上，對於習慣使用電腦操作和整理檔案資料的用戶來說，確實覺得不太習慣。不過，要在桌上型電腦上使用 IG 社群也不成問題喔！以下告訴各位如何在電腦版上使用 IG 和發佈貼文，就不用每次都得先將資料上傳至手機，再進行 IG 的貼文發佈，讓桌面版的瀏覽器瞬間變成行動版的 IG。

瀏覽 / 搜尋 / 編輯功能

請從桌面上的瀏覽器輸入 IG 網址「https://www.instagram.com」，接著輸入用戶名稱與密碼，按下「登入」鈕進行帳號登入。

1. 開啟桌面上的瀏覽器，並輸入 IG 網址「https://www.instagram.com」進入 IG 網站

2. 輸入用戶名稱與密碼，按下「登入」鈕登入帳號

進入 IG 社群後，即可在「搜尋」欄中搜尋主題標籤並檢視所有相關的貼文，也可以對其他用戶的貼文進行留言或是按讚。

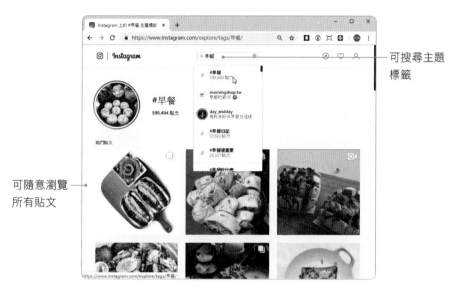

可搜尋主題
標籤

可隨意瀏覽
所有貼文

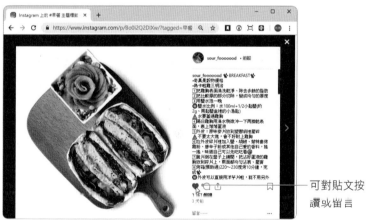

可對貼文按
讚或留言

各位也可以按下「編輯個人檔案」鈕進行編輯，如果想要「分享」貼文或「複製連結」，只要在貼文右下角按下 ••• 鈕，就會有彈出的視窗讓你選擇。

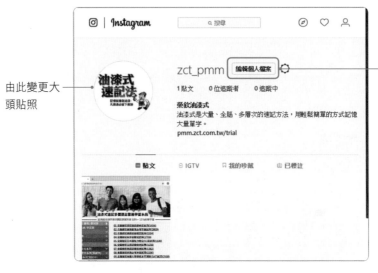

由此變更大頭貼照

按此鈕編輯用戶名稱、網站、個人簡介、電子郵件等資訊，也可以更改密碼或管理聯絡人

可分享貼文到 Facebook、Messenger、Twitter，或是透過電子郵件分享

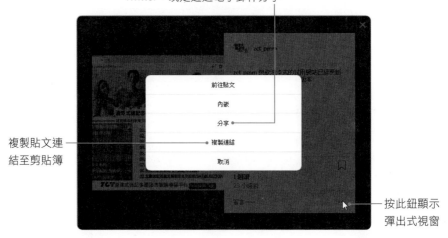

複製貼文連結至剪貼簿

按此鈕顯示彈出式視窗

🔘 發佈相片 / 影片

想要直接透過桌上型電腦來發佈貼文至 IG 社群，這裡介紹的技巧就不可不知道！請先將手機利用 USB 線連接至電腦，再依照下面介紹的步驟進行設定，以發佈相片為主的貼文。

1. 登入 IG 帳號後，按此鈕切換到帳號頁面

2. 按右鍵執行「檢查」指令，使顯示程式碼於右側

4. 由此下拉點選你的手機裝置

3. 按此鈕點選裝置

5. 按此鈕重新整理網頁

第一次發佈貼文可按此鈕

6. 按此鈕進行圖片影音的上傳

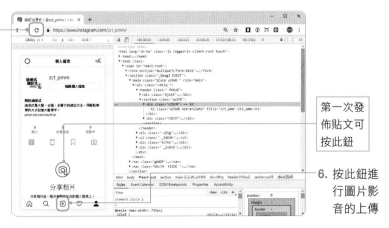

7. 點選電腦
桌面上的
檔案

8. 按下「開
啟」鈕上
傳檔案

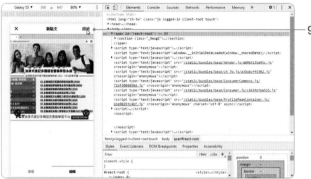

9. 按下「繼
續」鈕編
輯貼文

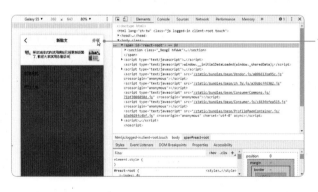

10.輸入要發
佈的文字
內容後，
按下「分
享」鈕分
享新貼文

重新整理瀏覽器後，立即可在 IG 社群上看到發佈的新貼文。如下所示，便是桌面上的瀏覽器與手機上所呈現的畫面效果。

以剛剛介紹的步驟進行，介面的使用就和你平常使用行動版的方式差不多，包括內建的「濾鏡」和「編輯」功能都可以使用。

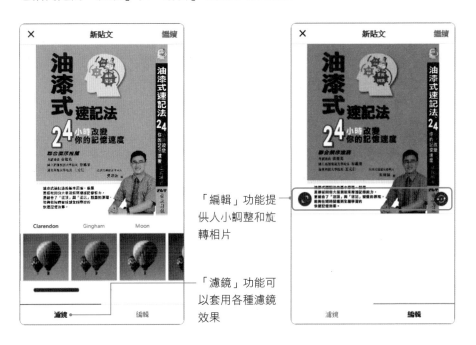

「編輯」功能提供人小調整和旋轉相片

「濾鏡」功能可以套用各種濾鏡效果

另外，使用首頁的「相機」 ⓞ 也可以將電腦桌面上的相片上傳，並且能夠加入插圖、塗鴉線條、輸入文字等，和使用行動版的功能差不多，但是無法將插圖作放大縮小的處理。

按「相機」鈕也可以上傳電腦中的相片

上傳後的相片，也可以透過這些按鈕加入插圖、塗鴉、插入文字

8

觸及率翻倍的
潮牌拍照攻略

#IG 相機功能全新體驗

#創意百分百編修技法

#IG 影片拍攝基本功

#攝錄達人的吸晴方程式

999 個讚

許多網路商家會透過 IG 限時動態陳列新產品的圖文資訊，而消費者在瀏覽後也可以透過連結而進入店鋪做選購，當文字加上吸睛的圖像照片，不知不覺中就有了導購的效果，這種針對目標族群的互動性，能有效提升商品的點閱率。例如紐約相當知名的杯子蛋糕名店 -Baked by Melissa，就運用 IG 張貼有趣又繽紛的相片貼文，使蛋糕照更添一份趣味。

要拍出好的攝影作品，需要基本的美學素養作為基礎，以確保每張發表的相片貼文都是新鮮、獨特且具有創造力。有鑑於此，在此將介紹如何使用 IG 來拍攝美照、如何進行美照編修、以及攝錄影祕訣、構圖技巧等主題，讓各位精進拍攝技巧，打造引以為傲的藝術相片。

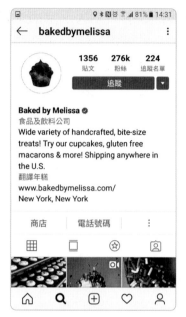

Baked by Melissa 的相片讓人看了垂涎欲滴

IG 相機功能全新體驗

IG 行銷要成功最重要的就是圖片 / 相片的美麗呈現，因為拍攝的相片不夠漂亮，很難吸引用戶們的目光，粉絲永遠都是喜歡網路上美感的事物，用戶可將智慧型手機所拍攝下來的相片 / 影片，利用濾鏡或效果處理變成美美的藝術相片，然後加入心情文字、塗鴉或貼圖，讓生活紀錄與品牌行銷的相片更有趣生動。接著先來認識 IG 相機拍照功能。

IG 有兩個功能可以進行相片拍攝，一個是首頁的「相機」⊙，另一個則是「新增」⊕頁面，二者都可以進行自拍或拍攝景物，光線昏暗時都可加入閃光燈，但是它們在畫面尺寸和使用技巧有些不同：

- 相機 ⒪：拍攝的畫面為長方型，拍攝後以手指尖左右滑動來變更濾鏡，或使用兩指尖進行畫面縮放、旋轉等處理，沒有提供明暗調整的功能，但是可以加入文字、塗鴉線條、插圖等，這是它的特點。

- 新增 ⊕：拍攝的畫面為正方形，可套用濾鏡、調整明暗亮度，或進行結構、亮度、對比、顏色、飽和度、暈映…等各種編輯功能，著重在相片的編修。

▶ 拍照 / 編修私房撇步

用戶將拍攝的相片，透過編輯工具提升照片亮度、銳利化、或調整角度，並以濾鏡效果來傳遞心境與情緒，使圖像對品牌行銷產生一定的影響性。當各位在「首頁」左上角按下「相機」⒪鈕將會進入拍照狀態，由下方透過手指左右滑動，即可切換到「一般」進行拍照。

加入閃光燈 ——

自拍 / 拍景物 ——

—— 加入有趣的人物特效

切換到「一般」
拍照模式

文字　直播　一般　BOOMERANG　超級變焦

切換到「一般」模式後，按下 ⚡ 鈕會開啟相機的閃光燈功能，方便在灰暗的地方拍照使用。🔄 鈕用來做前景拍攝或自拍的切換，而 😊 鈕則是讓使用者自拍時，可以加入各種不同的裝飾圖案或有趣的人物特效。

調整好位置後，按下白色的圓形按鈕進行拍照，之後就是動動手指來進行濾鏡的套用和旋轉 / 縮放畫面，多這一道手續會讓畫面看起來更吸睛搶眼。另外，建議各位可以將相片處理過後按下 ⬇ 鈕儲存下來，之後想要加入各種圖案或資訊都會更方便喔！

按此鈕儲存目前
的畫面

左右滑動指尖可
套用濾鏡

動動拇指、食指
可旋轉或縮放畫
面

而選用「新增」⊕功能，則是在拍攝相片後是透過縮圖樣本來選擇套用的濾鏡，切換到「編輯」標籤則有各種編輯功能可選用。

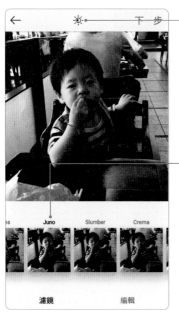

按此鈕針對畫面
的明暗與對比進
行調整（Lux）

直接可看到各種
濾鏡套用的效果
，可快速選取

提供各種編輯的
功能

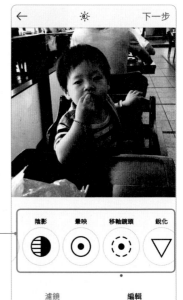

IG 所提供的相片「編輯」功能共有 13 種，包括：調整、亮度、對比、結構、暖色調節、飽和度、顏色、淡色、亮部、陰影、暈映、移軸鏡頭、銳化等，點選任一種編輯功能就會進入編輯狀態，基本上透過手指指尖左右滑動即可調整，確認畫面效果則按「完成」離開。

「編輯」功能所提供的編修要點簡要說明如下：

- **Lux**：此功能獨立放置在頂端，以全自動方式調整色彩鮮明度，讓細節凸顯，是相片最佳化的工具，可快速修正相片的缺點。

- **調整**：可再次改變畫面的構圖，也可以旋轉照片，讓原本歪斜的畫面變正。

- **亮度**：將原先拍暗的照片調亮，但是過亮會損失一些細節。

- **對比**：變更畫面的明暗反差程度。

- **結構**：讓主題清晰，周圍變模糊。

- **暖色調節**：用來改變照片的冷、暖氛圍，暖色調可增添秋天或黃昏的效果，而冷色調適合表現冰冷冬天的景緻。

- **飽和度**：讓照片裡的各種顏色更艷麗，色彩更繽紛。

- **顏色**：可決定照片中的「亮度」和「陰影」要套用的濾鏡色彩，幫你將相片進行調色。

- **淡化**：讓相片套上一層霧面鏡，呈現朦朧美的效果。

- **亮部**：單獨調整畫面較亮的區域。

- **陰影**：單獨調整畫面陰影的區域。

- **暈映**：在相片的四個角落處增加暈影效果，讓中間主題更明顯。

- **移軸鏡頭**：利用兩指間的移動，讓使用者指定相片要清楚或模糊的區域範圍，打造出主題明顯，周圍模糊的氛圍。

- **銳化**：讓相片的細節更清晰，主題人物的輪廓線更分明。

如左下圖所使用的是「調整」功能，使用指尖左右滑動調整畫面傾斜的角度，讓畫面變得搶眼且具動感，透過「移軸鏡頭」功能選擇畫面清晰和模糊的區域範圍，就如右下圖所示，將背景變得模糊些，小孩的臉部表情就比左下圖的更鮮明。

使用指尖左右滑動可以調整畫面傾斜的角度

選用「放射狀」後，可以手指尖控制畫面清楚和模糊區域範圍

神奇的濾鏡功能

IG 是個比較能讓用戶展現自我並尋找靈感的平台，許多品牌主都不斷的在思索，如何在 IG 上創造更吸睛的內容，例如強大的濾鏡功能，能輕鬆幫圖像增色，形成自我品味與風格。根據美國大學調查報告指出，使用濾鏡優化圖像的貼文比未使用的高出 21% 的機會被檢視，並得到更多回文機會。

如左下圖所示是原拍攝的水庫景緻，只要一鍵套用「Clarendon」的濾鏡效果，自然翠綠的湖面立即顯現。

🛜 原拍攝畫面

🛜 套用「Clarendon」濾鏡

你也可以透過濾鏡來改變或修正原相片的色調。如下圖的雕像，一鍵套用「Earlybird」的濾鏡效果，立即打造出復古懷舊風。

🛜 原拍攝畫面

🛜 套用「Earlybird」濾鏡

IG 提供的濾鏡效果有 40 多種,但是預設值只有顯示 25 種,若是經常會用到濾鏡功能,不妨將所有的濾鏡效果都加進來。選用「新增」⊕功能後進入「濾鏡」標籤,將濾鏡圖示移到最右側會看到「管理」的圖示,按下該鈕進入「管理濾鏡」畫面,依序將未勾選的項目勾選起來,離開後就可以看到增設的濾鏡。針對濾鏡的排列順序,你也可以使用手指上下滑動來進行調整,例如你喜歡黑白照片,那麼就把「Moon」的濾鏡排列在最前方,當要套用時就可以輕鬆找到。

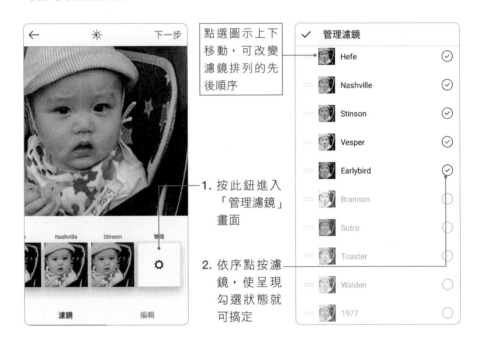

點選圖示上下移動,可改變濾鏡排列的先後順序

1. 按此鈕進入「管理濾鏡」畫面

2. 依序點按濾鏡,使呈現勾選狀態就可搞定

▶ 酷炫有趣的自拍照

如果各位使用「相機」◎功能並按下😎鈕,下方會有各種效果圖案供選擇,選取後畫面也會提供一些指示,只要跟著指示進行操作即可,像是張開嘴巴、抬起你的眉毛、點按進行變更…等,選定效果後按下白色圓形按鈕即可進行拍照。

📶 點選縮圖即可套用不同裝飾圖案

▶ 從圖庫分享相片

年輕族群是 IG 的主要用戶，對圖像感受力敏銳，對於現代年輕人而言，相片比文字吸引人，也更符合這個世代溝通方式，新手如果要從圖庫中進行相片或影片分享，請在「個人」頁面 👤，按下「分享第一張相片或影片吧！」的超連結，開始從手機的「圖庫」中找尋已拍攝的影片。之後可以由「首頁」🏠 的左上角按下「相機」📷 鈕進入左下圖的畫面後，切換到「一般」，按下「圖庫」鈕即可瀏覽並選取已拍攝的相片。

首次分享相片者，可在「個人」頁面按此開始分享

2. 按「圖庫」鈕選取圖片

1. 相機切換到「一般」

從 IG 視覺化行銷面來看,讓圖片說故事是最好的行銷概念,以年輕客群來說,第一眼視覺接觸往往直接反應喜好與否。將自己用心拍攝的圖片加上文字分享至行銷活動中,對於提升品牌忠誠度會有相當大的幫助。貼文中也可以一次放置十張的相片或影片,如要放置多張相片請點選 選擇多個 鈕,相片縮圖的右上角就會出現圓圈,請依序點選縮圖即可。

1. 點選此鈕進行多張相片的選取

2. 依序選取要使用的相片

4. 手指左右移動可以調整濾鏡效果,也可以旋轉相片角度、或縮放相片

3. 按「下一步」鈕進入右圖

5. 按「下一步」鈕進入分享的畫面

當各位選取圖片後,動動你的手指即可為畫面做進一步的調整,如左下圖,食指左右滑動可看到加入前後濾鏡的畫面,方便各位做比較,兩根手指頭動一動畫面可放大縮小旋轉角度,讓畫面顯現不一樣的風貌。

食指左右滑動可
調整濾鏡

兩根手指頭動一
動可縮放和旋轉
角度

迴力鏢與超級變焦功能

以「相機」功能進行拍照時，除了一般正常的拍照外，還能嘗試使用「迴力鏢」（BOOMERANG）和「超級變焦」兩種模式進行創意小影片的拍攝，這兩種影片都是限定在短暫的 2-4 秒左右的拍攝長度，能夠珍藏生活中每個有趣又驚喜的剎那時刻。只要有移動的動作，透過 BOOMERANG 就能製作迷你影片。

當各位切換到「BOOMERANG」模式，按下拍照鈕就會看到按鈕外圍有彩色線條進行連轉，連轉一圈計時完畢，小影片就拍攝完畢。如下圖所示，我們在計時的時間內做英文試題的翻頁動作，拍攝完成時再加入求救的文字和插圖，可以讓拍攝的內容變有趣。

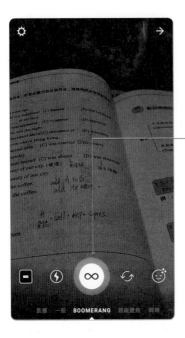

3. 按此鈕加入
   點綴的插圖

2. 按此鈕加入
   輸入文字

1. 按下圓形鈕
   進行錄影，
   並做書本翻
   頁的動作

4. 完成影片會
   在背景顯示
   反覆翻頁的
   效果，就可
   以選擇要傳
   送的對象

同樣地，如果選擇「超級變焦」模式，則會在畫面中顯示一個對焦的方框，
當按下拍照鈕進行拍照時，畫面就會自動移動並放大至方框的範圍。進行變
焦的過程中，還可以選擇加入愛心、狗仔隊、火熱、拒絕、悲傷、驚奇、戲
劇化、彈跳…等效果。

1. 方框用以設
   定焦點位置

2. 由此加入愛
   心、狗仔
   隊、火熱…
   等各種效果

3. 按下拍照
   鈕，就會自
   動進行變焦
   放大的錄製

4. 火熱的狂賀
   影片出爐囉

藉由這些功能,配合當時的情境或心情,即可快速做出許多有趣又吸引目光的小影片,如下所示是加入「拒絕」、「驚奇」、「電視效果」的畫面。

「拒絕」效果　　　　　　「驚奇」效果　　　　　　「電視節目」效果

創意百分百編修技法

為了拍出一張討讚的 IG 好照片,是不是總讓你費盡心思?你不是攝影高手,卻又擔心圖像不夠漂亮很難讓粉絲動心?接下來我們就要學習相片的創意編修功能,透過圖片串聯粉絲,快速建立起一個個色彩鮮明的畫面,讓每個精彩畫面都能與好友或他人分享。

▶ 相片縮放 / 裁切功能

除了由「首頁」🏠 的左上角按下「相機」◎ 鈕開始分享相片和影片外,也可以利用下方的「分享拍照」⊕ 進行相片 / 影片的編修與人物標記。

點選 ⊕ 後可在視窗下方的「圖庫」選取曾經拍攝的相片 / 影片,或是立即進行「相片」拍照或「影片」錄製。選取相片後可按下左下角的 🔄 鈕對相片進行縮放或剪裁。

1. 按此鈕，然後動動你的手指頭調整相片的比例位置

2. 瞧！人物更清楚了

由「圖庫」選取現有相片／影片，或是按「相片」進行拍照，按「影片」進行攝影

⊙ 色彩明暗調整藝術

IG 有非常強大的濾鏡功能，使它快速竄紅成為近幾年的人氣社群平台。對於分享的相片，你可以加入濾鏡效果，或按下「編輯」鈕進行調整、亮度、對比、結構、暖色調節、飽和度、顏色、淡化、亮度、陰影、暈映、移軸鏡頭、銳化等動作。

使用「調整」功能調整畫面的傾斜度

直接點選縮圖就可套用濾鏡

「編輯」所提供的功能，以指尖左右滑動進行切換

「編輯」頁面中所提供的各項功能，基本上是透過滑桿進行調整，滿意變更的效果則按下「完成」鈕確定變更即可。

IG 影片拍攝基本功

在這個講究視覺體驗的年代，影片是更容易吸引用戶重視的呈現方式，大家都喜歡看有趣的影片，影音視覺呈現更能有效吸引大眾的視線，比起文字與圖片，透過影片的傳播更能完整傳遞商品資訊。IG 除了拍攝相片外，錄製影片也是輕而易舉之事。你可以使用「相機」◎功能，或「新增」⊕來拍攝影片。二者略有不同，這裡先簡單說明，讓各位知道它們的特點：

- **新增** ⊕：影片畫面為正方形，可拍攝的時間較長，而且可以分段進行拍攝，也可以為影片設定封面。

- **相機** ◎：影片畫面為長方型，可拍攝的時間較短，且以圓形鈕繞一圈的時間為拍攝的長度。拍攝時有「一般」錄影、一按即錄、「直播」影片、「倒轉」影片等選擇方式。

▶「新增」影片畫面

影片須在幾秒內就能吸睛，其所營造的臨場感及真實性確實更勝於文字與圖片，只要影片夠吸引人，就可能在短時間內衝出高點閱率。因此在拍攝影片時，影片開頭或預設畫面就要具有吸引力且主題明確，尤其是前 3 秒鐘最好能將訴求重點強調出來，才能讓觀看者快速了解影片所要傳遞的訊息，方便網友「轉寄」或「分享」給社群中的其他朋友。

當點選「新增」⊕鈕來錄製影片時，只要調整好畫面構圖，按下圓形按鈕就會開始錄影，放開圓形鈕就完成第一小段影片，它會在下方標記黑色短線，繼續按下圓鈕又可錄製第二段影片。如果對拍攝的段落不滿意，則按下「刪除」來刪除最後一段拍攝的內容，直到按下「下一步」鈕進入右下圖的畫面才告錄影完成。錄影後可在「封面」標籤中設定封面相片。

3. 錄製完成，按此鈕表示影片結束錄製

2. 此影片分四小段錄製

1. 按此鈕進行每一小段影片的錄製

4. 在「封面」標籤可自訂影片封面

「刪除」鈕可針對最後錄製的片段進行刪除

影片盡可能營造臨場感與真實性，從觀眾的角度來感同身受，以吸引觀眾的目光，進而創造新聞話題。此外建議最好為影片加入字幕，因為很多人是在靜音的狀態下觀看手機上的影片，具備字幕將可讓觀眾更了解影片的內容。

「相機」錄影一次搞定

「相機」◎功能是大家最常使用的功能，由底端切換到「一般」，按下白色按鈕開始進行動態畫面的攝錄，手指放開按鈕則完成錄影，並自動跳到分享畫面，拍攝長度以彩虹線條繞圓圈一周為限。

按下白色圓鈕會開始計時，當彩色線條繞完圓圈一周，就不能再拍攝，影片自動跳到分享畫面

若將「相機」⊙功能底端切換到「一按即錄」鈕，那麼使用者只要在剛開始錄影時按一下圓形按鈕，接著就可以專心拿穩相機拍攝畫面，直到結束時再按下按鈕即可，而時間總長度仍以繞圓周一圈為限。

此功能不用一直按著按鈕進行錄影，是拍攝的最佳夥伴

▶ IG 直播不求人

玩直播正夯，許多企業開始將直播視為行銷手法，根據調查，消費觀眾透過行動裝置，特別是 35 歲以下的年輕族群觀看影音直播的頻率最為明顯。利用直播的互動與真實性吸引網友目光，從個人販售產品透過直播跟粉絲互動，延伸到電商品牌透過直播行銷，相對於在社群媒體發佈的貼文，有將近 8 成以上的人認為直播是更有趣，更容易吸引注意力的行銷方式。

直播的門檻低，只需要網路與手機就可以開始，不需要專業的影片團隊也可以製作直播，所以不管是明星、名人、素人，通通都要透過直播和粉絲互動。IG 的「直播」功能和 Facebook 的直播功能略有不同，它可以在下方留言或加愛心圖示，也會顯示有多少人看過，但是 IG 的直播內容並不會變成影片，而且會完全的消失。當你在「相機」⊙功能底端選用「直播」，只要按下「開始直播」鈕，IG 就會通知粉絲，以免他們錯過你的直播內容。

選用「倒轉」功能可拍攝約 20 秒左右的影片，它會自動將拍攝的影片內容從最後面往前播放到最前面。當按下該按鈕時，按鈕外圍一樣會有彩色線條進行運轉計時，環繞一圈就會自動關閉拍攝功能。

將影片反轉倒著播放可以製作出酷炫的影片效果，把生活中最平凡的動作像施展魔法般變得有趣又酷炫。例如拍攝從上而下跳水、潑水、噴香檳、吹泡泡、飛車…等動作，稍微發揮創意，各種魔法影片就可輕鬆拍攝出來。

攝錄達人的吸睛方程式

相片想要吸引眾人目光，重點或許包括：畫面色彩是否鮮豔動人、對比是否強烈鮮明、構圖是否有特色、光線變化是否別出心裁…等。所以用心構圖讓畫面呈現不同於以往的視覺感受，則拍出來的相片就成功了一半。想要使用 IG 進行相片拍攝或錄影，一切細節都很重要，那麼基本的攝錄影技巧不可不知。當各位拿起手機進行拍攝時，事實上就是模擬眼睛在觀看世界，所以認真觀察體驗，用心取景構圖，以自己的眼睛替代觀眾的雙眼，真實誠懇的傳達理念或想法，才能讓拍攝的相片與觀看者產生共鳴，進而在短時間內抓住觀看者的目光。這個小節我們將針對拍攝的基本功做說明，讓你拿穩手機拍照，用你那充滿創造力的雙眼認真看待世界，就能將平凡的事物推向藝術境界，輕鬆拍出吸睛的畫面。

▶ 掌鏡平穩的訣竅

要拍出好視訊影片，最基本的功夫就是要「平順穩定」。雙腳張開與肩膀同寬，才能在長時間站立的情況下，維持腳步的穩定性。手持手機拍攝時，儘

量將手肘靠緊身體，讓身體成為手機的穩固支撐點，摒住呼吸不動以維持短時間的平穩拍攝。

觀景窗距離眼睛遠，手肘沒有依靠，單手持手機拍攝，都是造成視訊影像模糊的元兇

環境許可請盡量尋找周遭幫助穩定的輔助物，譬如在室內拍攝時，可利用椅背或是桌沿來支撐雙肘；在戶外拍攝，則矮牆、大石頭、欄杆、車門…等，就變成最佳的支撐物。善用周邊的輔助工具，可讓雙肘有所依靠。若是進行運鏡處理時，那麼建議使用腳架來輔助取景，以方便做平移或變焦特寫的處理。

利用周遭環境的輔助物做支撐，可增加拍攝的穩定度

例如我們經常在 IG 上看到精緻的美食照，大都採用「平拍」手法。所謂「平拍」是將拍攝主題物放在自然光充足的窗戶附近，採用較大面積的桌面擺放主題，並留意主題物與各裝飾元素之間的擺放位置，透過巧思和謹慎的構圖，再將手機水平放在拍攝物的上方進行拍攝。由於拍攝物與相機完全呈現水平，沒有一點傾斜度，故稱為「平拍法」。這種拍攝的方式安全而且失誤率低，各位一定要使用看看。

「平拍手法」不一定得在平面的桌面上進行拍攝，只要主體物和相機是採水平方式進行拍攝，也能產生不錯的畫面效果，如下圖所示：

▶ 採光控制的私房技巧

攝影的光源有「自然光源」與「人工光源」兩種，自然光源指的就是太陽光，是拍攝時最常使用的光源，同樣的場景會因為季節、天候、時間、地點、角度的不同而呈現迥異的風貌，每次拍攝都能拍出不同感覺的照片。這些生活中細微的光源變化，左右了每一張照片的成敗。像是日出日落時，被

射物體會偏向紅黃色調，白天則偏向藍色調，晴天拍攝則物體的反差較強烈，陰天則變得柔和。

光源位置不同會影響到畫面的拍攝效果，光線均勻可以拍出很多細節，如果被拍攝物體正對著太陽光，這種「順光」拍攝出來的物體會變得清楚鮮豔，但是立體感較弱。如果光線從斜角的方向照過來，由於有陰影的加入將會讓主題人物變得更立體。

🛜 陰影除了增加立體感外，也能產生戲劇化的效果

若在正午時分拍攝主題人物，由於光源位在被攝物的頂端，容易在人像的鼻下、眼眶、下巴處形成濃黑的陰影。「逆光」則是由被拍攝物的後方照射而來的光線，若是背景不夠暗，反而容易造成主題變暗。

🛜 逆光攝影會讓主體的輪廓線更鮮明，形成剪影的效果

很多的風景畫面若是探求光線的變化，往往會讓習以為常的景緻展現出特別的風味。另外，線條的走向具有引領觀賞者進入畫面的作用，所以各位在按

下快門之前，不妨多多嘗試各種取景角度，不管是高舉相機或是貼近地面，都有可能創造出嶄新的視野和景象。

🛜 對比變化

🛜 弧線變化

🛜 線條 / 色彩變化

🛜 色彩變化

▶ 多重視角的集客點子

雖然使用的工具是手機，拍攝的是日常生活中的事物，一般人在拍攝時都習慣以站立之姿進行拍攝，這種水平視角的拍攝手法，使畫面會變得平凡而沒有亮點，因為眼睛已習以為常。但 IG 的圖片代表著品牌的形象，人們會被特殊的視角吸引，因此分享的東西應該要有自己的風格。建議不妨採用與平常不同的角度來看世界，多重視角創造多樣視覺構圖，諸如：坐於地上，以膝蓋穩住機身；或是單腳跪立，以手肘撐在膝蓋上；或是全身躺下，只用兩

手肘支撐在地上。這樣的拍攝方式，不但可以穩住機身，拿穩鏡頭，仰角度、俯角度也能帶給觀賞者全新的視覺感受，尤其是拍攝高聳的主題人物，也會更具有氣勢。另外，鏡頭由一個點橫移到另一點，或是攝影鏡頭隨著人物主題的移動而跟著移動等方式，也可以表現出動感和空間效果。

🛜 採用低姿勢拍攝，視覺感受的新鮮度會優於站姿

請注意！色彩是影響照片很大的要素，如果是拍攝餐點、糕餅、點心等美食或商品，除了善用現場的自然光線外，記得要重視擺盤，讓畫面看起來精緻可口且色彩繽紛，另外善用道具作為點綴，像是花瓶、眼鏡、雜誌、筆電…等，讓照片營造出意境或美好的氛圍。至於視角部分，除了一般常用的從正上方往下拍外，不妨嘗試由前面正拍食物，像是以連拍技巧捕捉醬汁倒入食物中的畫面、準備開動美食、手持食物的動作…等，只要背景簡單清爽，焦點放在美食上，也能照出高人氣的美食照。

在拍攝影片時，最好一次只拍攝一個主題，不要企圖一鏡到底，盡可能善用各種鏡頭或角度來表現主題，例如要展現一個展覽或表演活動，可以先針對展覽廳的外觀環境做概述，接者描寫展覽廳的細節、表演的內容、參觀的群眾，最後加入自己的觀感…等等。

在 IG 裡運用「新增」⊕ 鈕來錄製影片，正好可以表現如上述的多片段畫面，只要預先構思好要拍攝的片段，就能胸有成足竹的利用「新增」⊕ 鈕來輕鬆達標。如果沒有預先計畫，企圖從外到內一鏡完成，這樣拍攝出來的效果一定讓人看得頭昏眼花。

MEMO

CHAPTER

9

課堂上保證學不到的
超級吸客大法

#打造相片魅惑行銷力

#超人氣圖像包裝術

#逆天的 IGTV 行銷術

我們會利用 IG 行銷，主要的原因還是以「圖像分享」為主的定位，讓使用者可以更輕鬆地「看圖說故事」，對於哪些圖片風格較容易吸引用戶目光，進而從中將藝術和市場行銷學進行結合，必須有一定充分了解，具有 IG 效果的圖像，傳遞顧客最真實與享受的情緒，更對於品牌產生一定的影響性。例如將手機所拍攝的相片／影片，利用濾鏡變成美美的藝術相片，並加入心情文字、塗鴉、主題標籤、貼圖、或影像重疊的畫面，都能讓生活紀錄的相片更有趣生動。

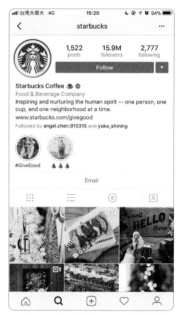

🛜 星巴克經常在 IG 上推出促銷的美麗圖片

🖼 打造相片魅惑行銷力

想要不花大錢，讓小品牌也能痛快做行銷，那麼利用 IG 進行年輕族群的行銷，就不得不對影音／圖片的行銷技巧有所了解。由於每個社群平台都有專屬的特性，所以不能將同一種經營方式都套用到每個平台上，尤其現在的消費者早已厭倦了太過商業性質的強力推銷手法，所以在 IG 上行銷品牌或商品時，記住要以色彩豐富、畫面精緻、視覺吸睛、新潮有趣的相片或影片為主。

🛜 Adidas 的相片行銷力相當與眾不同

▶ 別出心裁的組合相片功能

如果想要將多張相片組合在一張畫面上，可利用「新增」⊞所提供的「組合相片」來處理。組合相片必須先下載「Layout from Instagram」App，其特點是能製作出有趣又獨一無二的版面佈局，使用者可以拖曳相片來交換位置、使用把手調整相片的比例大小，還能利用鏡像和翻轉功能來創造混搭效果，這是個相當實用的軟體，讓用戶在操作過程順暢而無負擔。

如果你尚未使用過「組合相片」的功能，以下將告訴你如何從安裝軟體到實際完成相片組合。請由 IG 底端按下⊞鈕，切換到「圖庫」標籤，並由圖庫中先選取一張相片，接著按下 ⓑ 鈕準備下載「Layout from Instagram」App。

2. 按此鈕切換到版面佈局

1. 點選要使用的相片

3. 第一次會出現此視窗，按「下載 LAYOUT」鈕

IG 會自動帶領各位到 Play 商店 /App Store，並顯示版面配置的 App，請按下「安裝」鈕安裝程式後，緊接著會看到 5 個頁面介紹如何使用版面佈局，瀏覽後按下灰色的「開始使用」鈕，即可進行版面的佈局。

安裝「Layout from Instagram」App
安裝完成按此鈕開始使用

請先從下方的圖庫中點選要使用的相片，接著由上方選擇屬意的版面進行套用。套用版面後若要變更相片，只要點選相片，按下「取代」鈕就可以重新選取相片。點選版面中的相片，當出現藍色的框框時可進行相片的縮放，或透過下方的「鏡像」鈕或「翻轉」鈕調換相片構圖。

2. IG 提供多種版面，點選要套用的版面

1. 點選要使用的相片

相片左右對換

相片上下對換

想要為版面加入邊框線做分隔也沒問題，按下「邊框」鈕就會自動加入白色線條，編輯完成後，按「下一步」鈕將可使用「濾鏡」與「編輯」功能編輯版面。如右下圖所示，使用「調整」功能旋轉版面，讓版面變傾斜看起來就變活潑有動感，編輯完成按「下一步」鈕就可進行分享。

按此鈕進行分享

使用「調整」功能可讓版面變傾斜

按此鈕可加入白色分隔線條

▶ 多重影像重疊

拍攝產品也可以讓多張相片重疊組合在一個畫面上。利用 IG 的「相機」⊙功能也可以拍出多重影像重疊的畫面效果喔，使用方式很簡單，請在「首頁」🏠點選「相機」⊙功能，這時可以選擇拍攝眼前的景物或自拍，也可以從圖庫中找到儲存過的畫面。拍照或選取相片後，在相片上方按下「插圖」😀鈕，出現如右下圖的選項時請點選「相機」圖示，接著顯示前鏡頭再進行自拍。

2. 按此鈕顯示插圖

1. 由圖庫中選取要使用的畫面

3. 選取相機圖示後，可進行前景畫面的拍攝

前鏡頭提供三種不同模式，包含圓形白框效果、柔邊效果、以及白色方框效果，以手指按點前鏡頭就會自動做切換。調整好位置，按下前鏡頭下方的白色圓鈕即可快照相片。拍攝後還可進行大小或位置的調整，也可以旋轉方向，拍攝不滿意則可拖曳至下方的垃圾桶進行刪除。透過此方式來發揮創意，盡情地將商品融入生活相片之中。

點選前鏡頭可切換圓形／方形／柔邊三種模式

按下白色圓鈕進行拍照

依序點選「相機」圖示可加入多個前景畫面

▶ 相片中加入卡哇依元素

當使用「相機」📷功能進行拍照或選取圖庫相片時，在螢幕頂端會看到如下圖的幾個按鈕：

點選「插圖」😊鈕會在相片上跳出如下圖的設定窗，可以使用指尖左右切換頁面，或上下滑動瀏覽各式各樣的可愛插圖，不管是眼鏡、帽飾、表情圖案、手指圖案、動物、愛心、蔬果、點心⋯一應俱全。

第一頁顯示最近用過的圖案，以及 GIPHY 熱門貼圖

使用指尖左右切換頁面

點選喜歡的圖案即可加入到相片上，插圖插入後，以大拇指和食指尖往內外滑動，可調動插圖的比例或進行旋轉。如果不滿意所放的插圖，拖曳圖案時會看到下方有個垃圾桶，直接將圖案拖曳到垃圾桶中即可刪除。利用這些小插圖，就可以輕鬆將同一張相片裝扮出各種造型。

同一張相片經過不同的裝飾插圖,也能變化出多種造型

▶ 超火塗鴉文字特效

在相片中加入一些強調性的文字或關鍵字,讓觀看者可以快速抓到貼文者要表達的重點,既符合年輕人的新鮮感,也跟得上時尚潮流。如下所示,使用塗鴉方式或手寫字體來表達商品的特點,是不是覺得更有親切感!多看幾眼就在不知不覺中看完商品特色囉!

🛜 圖片加入塗鴉文字的說明,讓觀看者快速抓住重點

如下圖，還可以在相片上寫字畫圖，把相片中美食的特點淋漓盡致地說出來，以吸引用戶的注意，這種行銷手法在 IG 相片中經常看得到。

在使用「相機」 ⦿ 功能取得相片後，按下「塗鴉」 ✎ 鈕即可隨意塗鴉。視窗上方有各種筆觸效果，不管是尖筆、扁平筆、粉筆、暈染筆觸都可以選用，畫錯的地方還有橡皮擦的功能可以擦除。

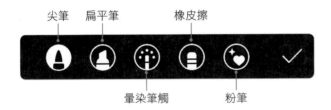

視窗下方有色彩可供挑選，萬　提供的顏色不喜歡，可長按圓形色塊，就會顯示色彩光譜得以自行挑選顏色。文字大小或筆畫粗細是在左側做控制，以指尖上下滑動即可調整。

提供的各種
筆觸

拖曳左處邊界
的圓形滑鈕可
控制畫筆粗細

長按色塊會變
成光譜，可自
行調配顏色

下方色塊可選
擇文字或畫筆
色彩

上圖所顯示的塗鴉文字是直接使用手指指尖所書寫的文字，看起來會比較粗曠些，如果想要有較細緻的筆觸，可以另外購買觸控筆，目前的觸控筆已能支援多種裝置，觸控書寫 2 合 1，且筆頭僅 0.25cm，精準可靠，如果會經常在手機上畫圖、做筆記、或書寫，不妨考慮使用觸控筆，讓觸控筆畫出完美的線條和寫出漂亮的文字。另外，按下「文字」 **Aa** 鈕可以加入電腦輸入的文字，強調所要推銷的重點，完成圖片輕鬆抓住用戶的眼睛。

「文字」工具

使用「文字」工具
加入要行銷的文字

立體文字效果

這裡所謂的「立體文字」事實上是仿立體字的效果。只要輸入兩組相同的文字，再將另一組文字（黑色）放在底層，並將兩組字作些許的位移，就可以以看起來像立體字一樣。

1. 輸入文字後，再複製一組相同的字

2. 將兩組字重疊後，再作些許的位移就搞定了

擦出相片中的吸睛亮點

有時相片中的內容物太多，不容易將想要強調的重點商品表現出來，此時不妨試試下面的擦除技巧。如左下圖所示，畫面中擺放了多種的酒類，當調整好位置後，請按下「塗鴉」 ✎ 鈕，接著從下方的色塊中選定要使用的色彩，再以手指長按畫面，隨即畫面就會塗上一層所設定的色彩，如右下圖所示。

1. 按「塗鴉」鈕

3. 以手指長按螢幕，就會將綠色填滿整個畫面

2. 選定要使用的色彩（綠色）

接下來選用「橡皮擦」工具，調整筆刷大小後，再擦除掉重點商品的位置，最後加入強調的標題文字，就能將主商品清楚表達出來。

1. 選用「橡皮擦」工具

4. 加入強調的標題文字

2. 由此調整筆刷大小

3. 擦除重點商品的主要部分

超人氣圖像包裝術

IG 讓商家或品牌可以透過圖像向全球用戶傳遞訊息，拍攝出好的圖片可以為你累積追蹤者及粉絲。接下來我們將提供與影音 / 相片有關的包裝技巧供各位做參考，希望能有效地將商品印象深深烙印在追蹤者或其他用戶的腦海中。

GIF 動畫的視覺幫襯感

GIF 動畫是一種動態圖檔，主要是將數張靜態的影像串接在一起，在快速播放的情況下而產生動態的效果。早期網頁中的許多小插圖大都使用 GIF 動畫格式，後來因為顏色只有 256 色而沉寂了好一陣子，最近則因為 Facebook 與 Instagram 的支援又開始活絡起來。

在「相機」功能中點選「插圖」　鈕，第一個頁面會顯現最近使用過的插圖，以及 GIPHY 熱門動態貼圖。GIPHY 是一個動態 GIF 圖片搜尋引擎，有 GIF 界的谷歌之稱。它的使用方法和一般搜尋引擎一樣，用戶只要在搜尋列上輸入自己想要搜尋的主題，就能從 GIPHY 提供的成千上百張動圖中挑選貼圖來搭配。

由於 GIF 動態圖檔有清新的、搞笑的、賣萌的…，選擇性相當多（GIPHY 現在也運用到 Facebook、Twitter、IG 等社群媒體之中）。越來越多人喜歡用 GIF 來表達自己的想法，或是當心情溢於言表時，GIF 動畫是一個很好的選擇。預設顯示的 GIF 動畫中，如果沒有中意的圖案，那就直接在「搜尋」列上進行搜尋。例如輸入「蛋糕」的主題，如左下圖所示，下方會顯示各種的蛋糕圖樣，點選喜歡的圖案即可在相片中加入。

1. 輸入搜尋的主題「蛋糕」

2. 選取要使用的 GIF 動畫圖示

3. 加入後可自行縮放或旋轉角度

▶ 相簿鋪陳全方位商品風貌

IG 在分享貼文時，允許用戶一次發佈十張相片或十個短片，這麼好的功能商家千萬別錯過，利用這項功能可以把商品的各種風貌與特點展示出來。如下所示的衣服販售，同時展示衣服的細節、衣服的質感…等等，以多張相片表達商品比單張相片更有說服力。

在影片部分，可以故事情境來做商品介紹，甚至進行教學課程，像是販賣圍巾可以教授圍巾的打法，販賣衣服可介紹穿搭方式，以此吸引更多人來觀看或分享，不但利他也利己，達到雙贏的局面。

🔘 標示時間 / 地點 / 主題標籤的秒殺技

在「相機」功能中點選「插圖」⬛鈕後，會在第二個頁面看到如左下圖的選項，點選「地點」、「#主題標籤」、和日期三個按鈕，就可以在畫面中標示出時間、地點、與主題標籤。加入後自行調整要放置的位置、比例大小、角度，點按標籤還會自動變更色彩與樣式。

在相片中加入主題標籤和地點是一個不錯的行銷手法，因為當其他用戶們的視覺被精緻美麗的相片吸引後，下一步便會想知道相片中的地點或主題。社群行銷成功關鍵字不在「社群」而是「連結」，唯有讓相同愛好的人可以快速分享訊息，也增加了產品的曝光機會。

按點標籤可以變更顯示的色彩與樣式喔

另外，也可以在相片中將自己的用戶名稱標註上去，任何瀏覽者只要點選該標籤，就能隨時連結到你的帳號去查看其他商品。

按點灰色標籤，就可以連結到該用戶

還有一種是採用相互標籤的方式來增加被瀏覽的機會，也就是在圖片中加入其他人的標籤，當瀏覽者點閱相片時，會同時出現如下圖所示的標籤，增加彼此間的被點閱率。

要在相片中加入用戶標籤並不難，請點選「新增」⊕頁面進行拍照後，在最後「分享」畫面中點選「標註人名」，再將自己或他人的用戶名稱輸入進去就完成了！

◉ 用心機玩行銷創意

進行商品行銷時，要讓客戶的眼睛為之一亮，突出的創意和巧思是很重要的。用點「心機」在相片上，將可獲得更多人的矚目。如左下圖的泰國奶茶，以手拿的方式，不但可以看出商品的比例大小和包裝，就連同系列的茶

品也能從旁邊的價目表看得一清二楚。右下圖的鞋款樣式介紹，以誇大的方式讓男模站在鞋子前方，不但鞋子樣式清晰可見，也從男模腳上看到穿著該鞋款的帥氣模樣。

再來，以「諧音」方式進行發想也是不錯的創意，像是「五鮮級平價鍋物」據說是利用閩南語的「有省錢」的諧音結合精緻的鍋物而成，讓饕客得以用最划算的價格滿足吃貨的味蕾。又如「筆」較厲害，是透過同音不同字的方式來描述商品。像這種創意和巧思融入相片或貼文之中，還真能增加它的可看性和趣味性。

▶ 加入票選活動

在相片上還可以加入投票活動喔！只要製造問題和兩個選項，就能讓瀏覽者進行選擇。這樣的投票功能自從推出以後，如果有選擇的障礙，即用此方式來詢問朋友的意見，也增加了彼此之間的互動。而參與投票的用戶可以知道投票所佔的比例，發問者則可以看到哪些人投了哪個選項。透過這種方式，商家就能進行簡單的市場調查，了解客戶的喜好。如左下圖便是商家在限時動態中所進行的「票選活動」，你會選擇「青銅」或「銅」的哪一款鍋具呢？

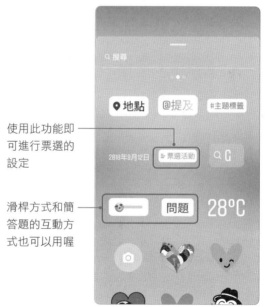

使用此功能即可進行票選的設定

滑桿方式和簡答題的互動方式也可以用喔

除了「票選活動」採用兩個選項來選擇外，還有以滑桿的方式來設定喜好程度，或是直接用簡答的方式來回覆問題，呈現的效果如下：

可設定文字顏色　　滑桿可套用各種圖案　　可設定底框顏色

▶ 奪人眼球的方格模板

IG 是以圖片傳達的有力工具,尤其是個人頁面的方格模板,更是用圖片來展現所有作品的極佳方式。當其他用戶在快速捲動方格模板時,若是圖片在視覺上保持一致性,簡約、高雅、又不失變化性,就能夠塑造出個人風格或品牌。如左下圖所示,同一個女模分別顯現在不同的景緻中,但構圖和色彩都很唯美;而右下圖則以美食為主,所有作品呈現一致性。透過此方式來進行個人 / 品牌或商品的行銷,專注在單一題材或風格上,並竭盡所能的深入研究,肯定能讓其他用戶特別注意到你。

▶ 情境感染的造粉必殺技

IG 是一個能夠盡情宣洩創意的舞台,多用點心機發揮巧思,讓相片不只是張相片,而是可以訴說千言萬語的創意作品。不論是在相片中直接說明情緒和感染力,或是在相片裡將想要訴求的重點說明出來。例如拍攝所要行銷的商品時,不妨將品牌或店家名稱也一併入鏡,一目了然的作法,相信會在眾多的相片中脫穎而出,達到大量製造新粉絲的目的。

以相片進行商品宣傳時，除了真實呈現商品的特點外，在拍攝相片時也可以考慮使用情境畫面，也就是把商品使用的情況與現實生活融合在一起，增加用戶對商品的印象。就如同衣服穿在模特兒身上的效果，會比衣服平放或掛在衣架上來得吸引人，飾品實際戴在手上的效果將比單拍商品來得更確切。或者像下圖的商家一樣，同時顯現兩種效果，讓觀看者清楚明瞭，商品展示越多樣化，細節越清楚，消費者得到的訊息自然越豐富，進行購買的信心度自然大增。

🛜 同時顯現首飾平放和穿戴的效果

又如美食的呈現，只要將大家所熟悉的手或餐具加入至畫面中，也能讓觀看者知道食物的比例大小。

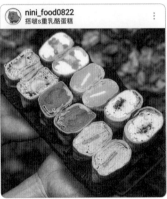

逆天的 IGTV 行銷術

直播最大優勢就是內容無法經過剪輯，可讓觀眾感受到最直接最真實的情感，收看直播的觀眾能直接以留言方式和直播主互動。許多名人、明星、商家或部落客，都經常以直播方式與粉絲互動。除了利用相機的「直播」功能進行拍攝外，現在 IG 還提供「IGTV」功能，「IGTV」是一個嶄新的創作空間，可以透過更長的影片與觀眾互動，用來打造全螢幕直向影片，讓行動裝置呈現最佳的觀看效果。由於每個人都可以成為一個獨立的電視頻道，讓參與的粉絲擁有親臨現場的感覺，所以聰明的商家不妨試用 IGTV 來做行銷，享受瞬間出現的高流量與人氣。

IGTV 功能簡介

有建立 IGTV 頻道的用戶，其 IGTV 會顯示在「首頁」的個人簡介下方，能讓瀏覽者一次看個夠，所以透過 IGTV 來行銷重點商品，不失為簡便又有效的方法。

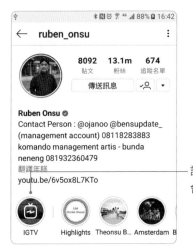

─── 該用戶所建立的 IGTV 都
會顯示在此處

當追蹤的對象有建立 IGTV 頻道，則「首頁」右上角的 圖示會變成彩色。

按下該鈕進入如左下的畫面，點選你的追蹤對象或是有興趣的影片，即可開
始觀看。而以手指將類別選單項下滑，即可顯示右下圖的畫面，讓你觀看、
暫停、按讚、留言、或傳送訊息。

按此或以手指
下滑，可隱藏
類別選單

按此鈕可建立
新頻道

觀看 / 暫停、
按讚、留言或
傳送訊息

▶ 建立專屬 IGTV 頻道

若要建立屬於自己的 IGTV 頻道，當按下類別選單右側的 ⊕ 鈕就會看到如左下圖的選單，按下「建立頻道」後會看到該功能的說明文字，請依序按「下一步」鈕直到看見右下圖，按下「建立頻道」鈕即建立專屬的 IGTV 頻道。

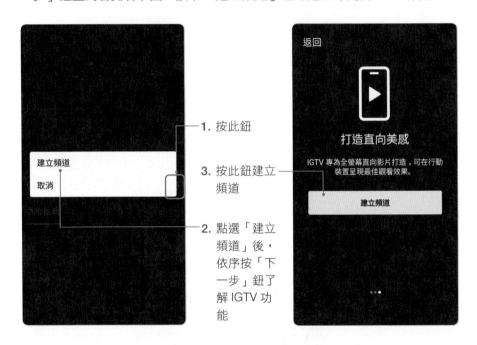

1. 按此鈕

3. 按此鈕建立頻道

2. 點選「建立頻道」後，依序按「下一步」鈕了解 IGTV 功能

建立專屬的 IGTV 後，原先類別選單右側的 ⊕ 鈕會變成你的大頭貼照，可從該處進行影片的上傳或瀏覽。

瞧！這裡顯示你的大頭貼照

▶ 上傳影片到 IGTV 頻道

IGTV 頻道適合放置直式拍攝的影片,如果原先製作的影片為橫式,那麼建議使用其他視訊軟體加入背景底圖,使畫面看起來較完美。例如「威力導演」行動版就有提供 9:16 的直式影片編輯,簡單步驟就能加入手機中的影片 / 相片,串接後再加入標題、濾鏡和背景音樂,快速完成影片的製作。

IGTV 頻道適合
放置直式影片

橫式影片最好
加入背景底圖

要上傳直式影片至 IGTV 頻道,請按下你的大頭貼會看到如左下圖的畫面,直接按下右上方的「+」鈕就能從「圖庫」中選取待上傳的影片。

1. 按「+」鈕
上傳影片

2. 選取已製作
好的影片檔

選取影片後會看到內容，按下「繼續」鈕緊接著設定標題和説明文字，也可以自訂影片的封面，設定完成按下「發佈」鈕就大功告成。稍待片刻，你的頻道中就會顯示新增加的影片囉！

1. 按此鈕繼續 —————

2. 輸入標題與説明文字

3. 按下「發佈」鈕

4. 建立完成的新影片

▶ 複製 IGTV 影片連結網址

對於發佈出去的 IGTV 影片，也可以將影片的連結複製到其他的社群網站上，讓其他網友也有機會觀賞你的 IGTV。要複製連結網址，請在影片播放的情況中按下 ⋮ 鈕，當出現功能選單時選擇「複製連結」指令，將網址複製到剪貼簿中，再到你要的社群網站貼入即可。

2. 選擇「複製連結」指令，即可複製到剪貼簿中

1. 按此鈕

要規劃直播或 IGTV 行銷，請先了解粉絲特性、事先規劃好主題、內容和直播時間，並且讓粉絲不斷保持著「what is next?」的好奇感，讓他們去期待後續，才有機會抓住最多粉絲的注意，達到翻轉行銷的能力。

MEMO

CHAPTER

10

地表最強的
主題標籤行銷密技

#用主題標籤玩轉 IG 行銷

#粉絲 hashtag 掏錢祕訣

999 個讚

hashtag（主題標籤）是目前社群上相當流行的行銷工具，已經成為品牌行銷重要一環，利用時下熱門的關鍵字，並以 hashtag 標記方式即可提高曝光率。透過標籤功能，所有用戶都可以搜尋到你的貼文，你也可以透過主題標籤找尋感興趣的內容。目前許多企業已認知到標籤的重要性，紛紛運用標籤來進行宣傳，使 hashtag 成為行社群行銷中的新寵兒。

🛜 Instagram、Facebook 都有提供 hashtag 功能

📷 用主題標籤玩轉 IG 行銷

主題標籤是全世界 Instagram 用戶的共通語言，使用者可以在貼文裡加上讓別人聯想到自己的主題標籤，當品牌舉辦活動時，一個響亮有趣的 slogan 很適合運用在 IG 的主題標籤上，只需要勾起消費者點擊的好奇心，在搜尋時就能看到更多相關圖片，透過貼文搜尋及串連功能，迅速與全世界各地網友交流，進而增進對品牌的好感度。

標籤 #BMW 是 IG 上超人氣的品牌標籤之一

貼文中加入與商品有關的主題標籤，可增加被搜尋的機會

當我們要開始設定主題標籤時，通常是先輸入「#」號，再加入要標籤的關鍵字，必須注意的是，關鍵字之間不能有空格或是特殊字元，否則會被分隔。如果有兩個以上的標籤，就先空一格後再標記第二個標籤。如下所示：

#油漆式速記法 #單字速記 #學測指考

貼文中所加入的標籤，當然要和行銷的商品或地域有關，除了中文字讓華人都查看得到外，也能加入英文、日文等翻譯文字，這樣其他國家的用戶也有機會查看得到你的貼文或相片。不過 Instagram 貼文標籤也有數量的限定，超過額度的話將無法發佈貼文喔！

▶ 相片 / 影片中加入主題標籤

很多人知道要在貼文中加入主題標籤，卻不知好好的將主題標籤也應用到相片影片上，這是很可惜的事。當相片 / 影片加入主題標籤後，觀看者按點該主題標籤時，會出現如左下圖的「查看主題標籤」，點選之後 IG 就會直接到搜尋頁面，並顯示出相關的貼文。

2. 按點「查看主題標籤」會顯示和標籤有關的所有貼文

1. 選「#好友分享日」會出現上方的「查看主題標籤」

除了必用的「#主題標籤」外，商家也可以在相片上做地理位置標註、自己的用戶名稱標註，甚至加入同行者的名稱標註，增加更多曝光的機會讓粉絲變多多。

提及其他用戶名稱

加入地點標註

▶ 創造專屬的主題標籤

針對行銷的內容，企業也可以創造專屬的主題標籤。例如星巴克在行銷界算是十分出名的，雖然 Starbucks 已是世界知名的連鎖企業，但在大眾的心裡都維持優良的形象，每當星巴克推出季節性的新飲品時，除了試喝活動外，也會推出馬克杯和保溫杯等新商品，所以世界各地都有它的粉絲蒐集星巴克的各款商品。

星巴克在 IG 經營和行銷方面算是十分用心，消費者只要將新飲品上傳到 IG 上，並在內文中加入指定的主題標籤，就有機會抽禮物卡，所以每次舉辦活動時，IG 上就有上千張的相片是由消費者上傳的，這些相片自然而然成為星巴克的最佳廣告，像是「#星巴克買一送一」或「#星巴克櫻花杯」等活動主題標語便是最好的行銷。

🛜 搜尋該主題可以看到數千則的貼文，貼文數量越多就表示
使用這個字詞的人數越多

這樣的行銷手法，讓粉絲們不但會主動上傳星巴克飲品的相片，粉絲們的追蹤者也會看到星巴克的相關資訊，宣傳效果如樹狀般的擴散，一傳十，十傳百，速度快而顯著，且不需要耗費太多的廣告成本，即可得到消費者的廣大迴響。下圖為星巴克推出的「星想餐」，不但在限時動態的圖片中直接加入「星想餐」的主題標籤，也在貼文中加入這個專屬的主題標籤。

限時動態中加入星巴克專屬的主題標籤 - 星想餐

貼文之中也加入星巴克專屬的主題標籤

▶ 精準運用更多的標籤

在運用主題標籤時，除了要和自家行銷的商品有關外，各位也可以上網查詢一下熱門標籤的排行榜，了解多數粉絲關注的焦點，再依照自家商品特點加入適合的標籤或主題關鍵字，這樣就有更多的機會被其他人關注到。不過千萬不要隨便濫用標籤，例如「#吃貨」這個主題標籤的貼文就多達 694K，要在這麼多的貼文當中看到你的貼文著實不容易；或是放入與產品完全不相干的主題標籤，除了在所有貼文中顯得突兀外，也會讓其他用戶產生反感。

主題標籤的用意不是為了觸及更多的觀眾，而是為了觸及目標觀眾。雖然 Instagram 每則貼文可以使用最多 30 個主題標籤，但建議還是要謹慎地使用

合適的主題標籤。剛開始使用 IG 時，如果不太曉得該如何設定自己的主題標籤，請先多多研究同類型的貼文使用哪些標籤，再慢慢找出屬於自己的主題標籤。

📶 主題標籤的設定大有學問，多多研究他人 tag 標籤，
可以給你很多的靈感

📷 粉絲 hashtag 掏錢祕訣

當各位努力設計一個具有品牌特色的標籤，則相關程度較高的標籤毫無疑問地能為你的貼文與品牌帶來更多曝光機會，切記不要使用與品牌或產品不相關的標籤，最有效的主題標籤是一到二個，數量過多會降低貼文的吸引力。若能更進一步創造出原創的主題標籤，並持續與粉絲互動，長期不斷地強化它的情感連結，邀請消費者貼文標註，必能增加曝光度，提高品牌忠誠度，進而成功將商品或服務透過網路推播出去。

▶ 不可不知的熱門標籤字

在 IG 的貼文中，有些標籤代表著特別的含意，搞懂標籤的含意就可以更深入 IG 社群。由於主題標籤的文字之間不能有空格或是特殊字元，否則會被分隔，所以很多與日常生活有關的標籤字，大都是詞句的縮寫。還有用戶之間期望相互支持按讚，增加曝光機會的標籤…等，都可以了解一下，只要不要過度濫用，例如：#followme 的標籤就因為有被檢舉未符合 Instagram 社群守則，所以 #followme 的最新貼文都已被 IG 隱藏。

- **#likeforlike** 或是 **#like4like**：表示「幫我按讚，我也會按你讚」，透過相互支持，推高彼此的曝光率。

- **#tflers**：表示「幫我按讚（Tag For Likers）」。

- **#followforfollow** 或 f4f：表示「互讚戶粉」。

- **#bff**：Best Friend Forever，表示「一輩子的好朋友」，上傳好友相片時可以加入此標籤。

- **#Photooftheday**：表示「分享當日拍攝的照片」或是「用手機紀錄生活」。

- **#Selfie**：Self-Portrait Photograph，表示「自拍」。

- **#Shoefie**：將 Shoe 和 Selfie 兩個合併成新標籤，表示「將當天所穿著的美美鞋子自拍下來」。

- **#OutfitLayout**：Outfit Layout 是將整套衣服平放著拍照，而非穿在身上。不喜歡自己真實面貌曝光的用戶多會採用此方式拍照服裝。

- **#Twinsie**：表示像雙胞胎一樣，同款或同系列的穿搭。

- **#Ootd**：Outfit of the Day，表示當天所穿著的紀錄，用以分享美美的穿搭。

- **#Ootn**：Outfit of the Night，表示當晚外出所穿著的紀錄。

- **#FromWhereIStand**：From Where I Stand，表示從自己所站的位置，然後從上往下拍照。可拍攝當日的衣著服飾，使上身衣服、下身裙／

褲、手提包、鞋子等都入鏡。也可以從上往下拍攝手拿飲料、美食的畫面。

▪ **#TBT**：Throwback Thursday，表示在星期四放上數十年前或小時候的的舊照。

▪ **#WCW**：Woman Crush Wednesday，表示「在星期三上傳自己心儀女生或女星的相片欣賞」。

▪ **#yolo**：You Only Live Once，表示「人生只有一次」，代表做了瘋狂的事或難忘的事。

上網查詢一下熱門標籤的排行榜，多了解多數粉絲關注的焦點，再依照自家商品特點加入適合的標籤或主題關鍵字，以便有更多的機會被其他人關注到。目前 Android 手機或 iPhone 手機都有類似的 hashtag 管理 App，不妨自行搜尋並試用看看，把常用的標籤用語直接複製到自己的貼文中，就不用手動輸入一大串的標籤。

Play 商店中有各種 hashtag 管理的 App 可以試用

🔘 透過主題標籤辦活動

商家可以針對特定主題設計一個別出心裁而具特色的標籤，只要消費者標註標籤，就提供折價券或進行抽獎。這對商家來說，成本低而且效果佳，對消費者來說可得到折價券或贈品，這種雙贏的策略應該多多運用。如下所示是「森林小熊曲奇餅」的抽獎活動與抽獎辦法，參與抽獎活動的就有 1800 多筆。

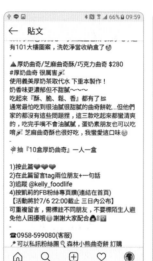

活動辦法中也要求參加者標註自己的親朋好友，如此便可將商品延伸到其他的潛在客戶。不過在活動結束後，記得將抽獎結果公布在社群上以昭公信。

另外，企業若舉辦行銷活動並制定專屬 hashtag，那就要盡量讓 hashtag 和該活動緊密相關，採用簡單字詞、片語來描述，透過 hashtag 標記的主題，來匯聚大量瀏覽人潮。然而經過統計，最有效的主題標籤是一到二個，數量過多反而會降低貼文的吸引力。

CHAPTER

11

限時動態的
秒殺拉客錦囊

#超暖心的限時動態功能

#限時動態業績增加心法

除了靜態照片分享，Instagram 也提供了「限時動態」的模式，讓用戶用短片、動態圖片的方式來分享自己的故事，「限時動態」功能相當受到年輕世代的喜愛，特別是能夠讓品牌在一天之中多次地與粉絲進行短暫又快速的互動，吸引粉絲們的注意力。限時消失功能會將所設定的貼文內容於 24 小時之後自動消失。相較於永久呈現在動態時報的照片或影片，年輕人應該更喜歡分享稍縱即逝的動態。

Disney 的限時動態經常發佈許多演員參加首映時最新花絮

超暖心的限時動態功能

對品牌行銷而言，限時動態不但已經成為品牌溝通的重要管道，正因為限時動態是 24 小時閱後即焚的動態模式，會讓用戶更想常去觀看「即刻分享當下生活與品牌花絮片段」的限時內容。想要發佈自己的「限時動態」，請在首頁上方找到個人的圓形大頭貼，按下「你的限時動態」鈕或是按下「相機」鈕就能進入相機狀態，選擇照相或是直接找尋相片來進行分享。

按此鈕進行拍照  尚未做過限時動態的發表可按此大頭貼,有發佈過限時動態,則可以按此鈕觀看已發佈的限時動態

進入相機狀態後,想要有趣又有創意的特效可按下 😊 鈕,再根據它的提示進行互動,按下白色的圓形按鈕即可進行拍攝,拍攝完成後,按下「限時動態」就會發佈出去,或是按下「摯友」傳送給好朋友分享。

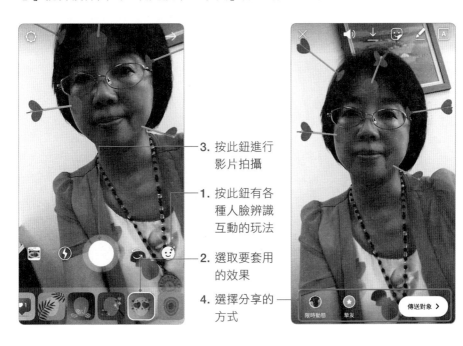

3. 按此鈕進行影片拍攝

1. 按此鈕有各種人臉辨識互動的玩法

2. 選取要套用的效果

4. 選擇分享的方式

立馬享受限時動態

限時動態目前提供文字、直播、一般、Boomerang(迴力鏢)、超級聚焦、倒轉、一按即錄等功能,當限時動態的內容編輯完成後,按下頁面左下角的「限時動態」鈕,畫面就會顯示在首頁的限時動態欄位。這些限時動態的相片/影片,會在 24 小時後從你的個人檔案中消失,不過你也能在 24 小時內儲存上傳的所有限時動態喔!

編輯完成的畫面，按下「限時動態」鈕就可傳送出去

隨時放送的「限時動態」目的就是讓使用者看見與自己最相關的內容，用戶隨時可以發表貼文、圖片、影片或開啟直播視訊，讓所有的追蹤者得知你的訊息或是想傳達的理念。

這裡可以看到帳號與倒數的時間

限時動態可以透過一連串的相片／影片串接而成

這裡可以直接傳送訊息

商家面對 IG 的高曝光機會，更該善用「限時動態」的功能，為品牌或商品增加宣傳的機會，擬定最佳的行銷方式，在短暫的幾秒內迅速抓住追蹤者的目光。由於拍攝的相片／影片都是可以運用的素材，加上 IG 允許用戶在限時動態中加入文字或塗鴉線條，也提供插圖功能可加入主題標籤、提及用戶名稱、地點、票選活動…等物件，甚至還提供導購機制，讓商家可以運用各種創意手法來進行商品的行銷。如下所示，便是各位經常在限時動態中常看到的效果，接下來探討如何運用限時動態來創造商機，讓你掌握行銷先機，搶先跟上時尚潮流。

使用編排的畫面也沒問題　　相片加入文字說明與塗鴉線條

企業商家可加入導購機制　　　　　　　　影片中提及商家的資訊

▶ 儲存 / 刪除限時動態

已傳送出去的「限時動態」，可以在「首頁」的個人大頭貼裡進行觀看，當出現限時動態畫面時，按下右下角的「更多」鈕將會出現如圖的功能選單，由此就可以針對目前的限時動態進行「儲存影片」或「刪除」的動作。

▶ 限時訊息悄悄傳

Instagram 除了「限時動態」功能廣受大家青睞外,還有一項「Direct」限時訊息悄悄傳的功能也備受注目。各位可以悄悄和特定朋友分享限時中的相片/影片,當朋友悄悄傳送相片或影片給你時,就能在「悄悄傳」部分查看內容或回覆對方。不過悄悄傳每次傳送的內容最多只可以觀看 2 次,且超過 24 小時後即自動刪除、無法再被觀看,也無法儲存照片。由於很多人習慣在任何時間與他人分享照片或影片,但同時又希望保有隱私性,「悄悄傳」功能既可滿足用戶的需求,也帶來更有趣且具創意的體驗。

想要使用「Direct」功能,請由「首頁」🏠 的右上角按下 ▽ 鈕,進入「Direct」頁面後找到想要傳送的對象,按下後方的相機 ◎ 就能啟動拍照的功能,或是切換到「文字」進行訊息的輸入。

1. 按此鈕啟動限時悄悄傳功能

2. 找到要傳送訊息的對象後,在後方按下相機鈕

4. 在此輸入要傳送的訊息

5. 輸入完成按此圓鈕進行傳送

3. 由此切換到文字訊息或是拍照功能(此處以文字功能做説明)

「限時訊息悄悄傳」的功能僅能傳送給部分朋友，而非直接發表在限時動態當中所有朋友觀看。當對方收到訊息後可以直接進行回覆，並回傳訊息給傳送者。

訊息悄悄傳後，可直接點選用戶名稱查看傳送的內容，也可以按點此處進行聊天

◉ 插入動態插圖

IG 的「限時動態」可以由一連串的相片 / 影片所組成，利用「插圖」 🐱 鈕可在相片 / 影片中添加各種插圖，不管是靜態或動態的插圖都沒問題，而按下「GIF」鈕可到 GIPHY 進行動態貼圖的搜尋，成千上萬的動態貼圖任君挑選，不用為了製作素材而大傷腦筋。

按此鈕進行動態貼圖的搜尋

「插圖」 🐱 功能除了精緻小巧的貼圖可添加限時動態的趣味性外，運用「主題標籤」和「@ 提及」功能，都能讓觀賞者看到商家的主題名稱與用戶資訊，也能讓整個畫面看起來更有層次感，增添畫面的樂趣，貼文更生動。

🛜 插入動態貼圖讓拍攝的影片增添層次感和豐富度

📷 限時動態業績增加心法

對品牌行銷而言，「限時動態」已經成為品牌溝通重要的管道，正因為是 24 小時閱後即焚的動態模式，會讓用戶更想觀看，很多品牌都會利用限時動態發佈許多趣味且話題性十足的內容來創造關注或新商機。

▶ 票選活動或問題搶答

「插圖」😎 功能裡所提供的「票選活動」，商家也不妨多多運用在商品的市調上，簡單的提問與兩個選項的答覆，將可讓商家和追蹤者進行互動，了解客戶對商品的喜好。

完成

你喜歡喝紅酒嗎？

| 是 | 否 |

── 「票選活動」可以讓商家進行「提問」與「答案」的設定

有參加投票的用戶，在投票結束後可以看到整體投票的比例和結果，而發表者可以看到各個帳號投票的細節。這樣的投票機制，不僅創造高度的互動性，輕鬆有趣之中也能提升品牌的知名度。

🛜 限時動態中，「票選活動」的實際應用

另外，「問題」功能也是與粉絲互動的管道之一，只要輸入疑問句，下方就可以讓瀏覽者自行回覆內容，設定問題時還可以自訂色彩，以配合整體畫面的效果。

限時動態中，「問題」的實際應用

由此可以自訂標籤的底色

▶ 商家資訊或外部購物商城

在限時動態中，商家可以輕鬆將商家資訊加入，運用「@提及」讓瀏覽者可以快速連結至該用戶。加入 hashtag 可進行主題標籤的推廣，另外 IG 也開放廣告用戶在限時動態中嵌入網站連結的功能，讓追蹤者在查看限時動態的同時，亦可輕按頁面下方的「查看更多」鈕，就能進入自訂的網站當中，自然引導用戶滑入連結，而導入的連結網站可以是購物網站或產品購買連結，以提升該網站的流量，增加商品被購買的機會。不過此功能只開放給企業帳號，並且需要擁有 10,000 名以上的粉絲人數，個人帳號還不能使用喔！

加入主題標籤　　　　　　提及用戶　　　　導入外部連結，讓用戶
直接前往購物商城消費

運用創意並適時導入商家資訊，讓企業品牌或活動主題增加曝光機會，以限時動態來推廣限時促銷的活動，除了帶動買氣外，「好康」機會不常有，反而會讓追蹤者更不會放過每次商家所推出的限時動態。

▶ IG 全方位網紅直播

直播視訊推出後，用戶在任何時刻都能以輕鬆有趣的方式分享現場實況。很多企業網紅藉由直播即時分享品牌，讓潛在的客戶能夠更深入了解，進而支持並提升客戶的滿意度。由於社群平台在現代消費過程中已扮演不可或缺的角色，隨著網紅經濟的崛起，許多品牌選擇借助網紅來達到口碑行銷的效果。網紅在網路上擁有大量粉絲群，一般時候就跟你我日常一樣，但在加上了與眾不同的獨特風格後，很容易讓粉絲就產生共鳴，成為人們生活中的參考指標，厲害的網紅平日是粉絲的朋友，做生意時搖身一變成為網路商品的代言人，並且向消費者傳達更多關於商品的評價和使用成效。

🛜 阿滴跟滴妹國內是英語
教學界的網紅

當追蹤的對象分享直播時，可以從他們的大頭貼照看到彩色的圓框以及 Live 或開播的字眼，按點大頭貼照就可以看到直播視訊。

你的追蹤對象如有開直播，可從他的大頭貼看到彩虹圓框以及 Live 字眼，若在限時動態中分享直播視訊會顯示播放按鈕

很多廠商經常將舉辦的商品活動和商品使用技巧，以直播的方式來活絡商品與粉絲的關係。粉絲觀看直播視訊時，可在下方的「傳送訊息」欄中輸入訊息，也可以按下愛心鈕對影片說讚。

觀賞者可在「傳送訊息」欄上輸入訊息或加入表情符號

直播影片時，用戶留言都會在此顯現

顯示按讚的情況

若想進行直播，請按下「個人」頁面左上角的 📷 鈕，接著由下方切換到「直播」模式，按下「開始直播」鈕，IG 就會自動通知你的粉絲，畫面頂部也會顯示觀眾人數。

🔘 抓住 3 秒內行銷全世界的眉角

現代人都喜歡看有趣的影片，比起文字與圖片，影片的傳播更能完整傳遞商品資訊，而好的影片更是經常被網友分享到其他的社群網站，增加品牌或商品的可見度。由於現在是講求效率的時代，很少人有耐性去看數十分鐘甚至一小時以上的宣傳影片，所以 30-60 秒的影片長度最為合適，不但可以讓他人快速了解影片所要傳遞的訊息，也能方便網友「轉寄」或「分享」給其他朋友。

想要在影音短片中快速且輕鬆抓住觀眾的心，影片開頭或預設畫面必須具有吸引力且主題明確。在「有圖有真相」的世代，影片畫面的前三秒，只要標題或影片夠吸引人，就能讓觀賞者繼續看下去。當然，影片的品質不可太差，且要能在影片中營造出臨場感與真實性，從觀眾的角度來感同身受，才能吸引觀眾的目光，甚至在短時間裡衝出高點閱率。如下方的限時動態，U 周刊只強調標題－以名人的訪問，刺激粉絲購買的慾望。而右圖中按下「TAP HERE」鈕，即可直接查看貼文的內容。

斗大的標題不動，只有手持的周刊上下移入移出

誘人的紅燒牛肉麵影片，按下中央的「TAP HERE」鈕可直接查看貼文內容

▶ 合成相片 / 影片的巧思

使用「限時動態」的功能進行宣傳時，除了透過 IG 相機裡所提供的各項功能進行多層次的畫面編排外，也可以將拍攝好的相片 / 影片先利用「儲存在圖庫」⬇️ 鈕儲存在圖庫中，以方便後製的處理編排，或透過其他軟體編排組合後再上傳到 IG 發佈，雖然步驟比較繁複，但是畫面可以更隨心所欲的安排，透過創意將要傳達的訊息淋漓盡致地呈現出來。

▶ 典藏限時動態

由於 Instagram 的「限時動態」會在限定的 24 小時後將貼文自動刪除，常讓來不及儲存的用戶扼腕。因此，Instagram 又推出了限時動態典藏的功能，讓用戶可以從典藏中查看限時動態消失的內容。

要將限時動態典藏起來，請在「個人」頁面右上角按下「選項」三鈕，點選「設定」後，在「設定」畫面中選擇「限時動態控制項」，接著在如右下畫面中確認「儲存到典藏」的功能有被開啟隨即搞定。

此外，在「限時動態控制項」的頁面中，如果有開啟「允許分享」的功能，則可以讓其他用戶以訊息方式分享你限時動態中的相片或影片。若有開啟「將限時動態分享到 Facebook」的選項，那麼會自動將限時動態中的相片和影片發佈到臉書的限時動態中。要注意的是，連結到臉書後，你按別人相片的愛心也會被臉書上的朋友看到，建議如果不是以商品行銷為目的，最好是「將限時動態分享到 Facebook」的選項關掉。確認「儲存到典藏」的功能開啟後，下回當想查看自己典藏的限時動態，可在個人頁面右上方按下🕘鈕，即進入到限時動態典藏的頁面。

1. 按此鈕

2. 由此切換至「限時動態典藏」

3. 顯示已典藏的限時動態內容

IG 的「典藏」功能除了典藏限時動態外，也可以典藏貼文。它能將一些不想顯示在個人檔案上的貼文保存下來不讓他人看到。要典藏貼文，請在相片右上角按下「選項」┋鈕，當出現如左下圖的視窗時點選「典藏」指令就可以辦到。若要查看典藏的貼文，一樣是在個人頁面按下 🕘 鈕進入典藏頁面，下拉就可以進行限時動態典藏或貼文典藏的切換，如右下圖所示。

按此鈕切換———

▶ 新增精選動態

想要精選限時動態的方式有兩種，一個是在發佈限時動態後，從瀏覽畫面的右下角按下「精選」鈕，接著會出現「新的精選動態」，請輸入標題文字後按下「新增」鈕，就會將它保留在你「個人」檔案上，除非你進行刪除的動作。

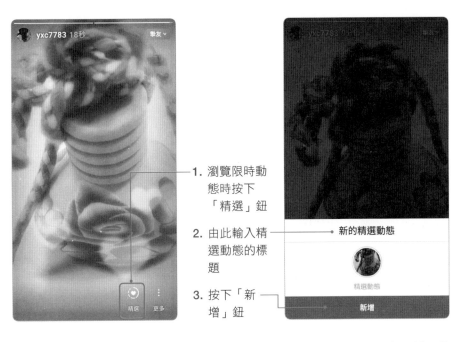

1. 瀏覽限時動態時按下「精選」鈕

2. 由此輸入精選動態的標題

3. 按下「新增」鈕

第二種是在「個人」頁面按下「新增」鈕，如左下圖所示，接著點選所需的限時動態畫面，按「下一步」鈕再輸入限時動態的標題，按下「完成」鈕即完成精選的動作，而所有精選的限時動態會列於個人資料的下方。

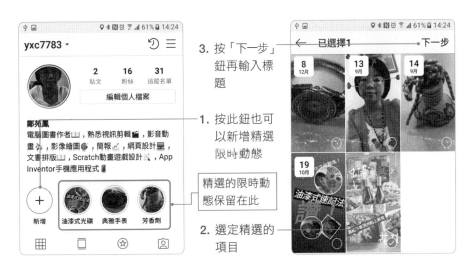

3. 按「下一步」鈕再輸入標題

1. 按此鈕也可以新增精選限時動態

精選的限時動態保留在此

2. 選定精選的項目

▶ 編輯精選動態封面

精選的限時動態顯示在個人資訊下方，當其他用戶透過搜尋或連結方式來到你的頁面時，訪客可以透過這些精選的內容來快速了解你，所以很多用戶也會特別設計精選動態的封面圖示，讓封面圖示呈現統一而專業的風格。如下二圖所示，左側以漸層底搭配白色文字呈現，而右側以白色底搭配簡單圖示呈現，看起來簡潔而清爽。趕快動手設計不同的效果來展現你的精選動態吧。

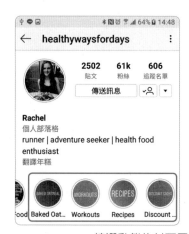

📶 精選動態的封面圖示，顯示統一的風格

想要變更精選動態封面很簡單，首先請預先設計好圖案，再將圖片上傳到手機存放相片的地方備用。如果習慣使用手機，也可以直接從手機搜尋喜歡的背景材質，同時按手機的「電源」鍵和「HOME」鍵將材質擷取下來後，再從 IG 圖庫中叫出來加入文字和圖案，最後儲存在圖庫中就搞定了。

備妥圖案後，請從 IG 的個人頁面上長按要更換的精選動態封面上，或是在觀看精選動態時按點右下角的「更多」鈕，即可在顯示的視窗中點選「編輯精選動態」指令，如下二圖所示：

點選「編輯精選動態」指令後，接著按下圓形圖示編輯封面，並按下右下圖中的圖片 ⊡ 鈕，從圖庫中找到要替換的相片，調整好位置按下「完成」鈕就行囉。

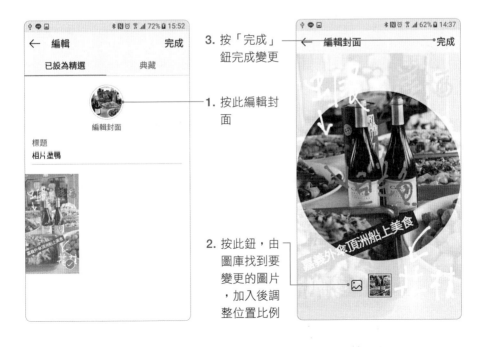

3. 按「完成」鈕完成變更

1. 按此編輯封面

2. 按此鈕，由圖庫找到要變更的圖片，加入後調整位置比例

▶ 精選限時動態再利用

「限時動態精選」可以將最愛的限時動態保留在個人檔案上，將來在進行行銷時就可以輕鬆派上用場。對於社群行銷來説，「限時動態」是重要的曝光管道，店家可以將貼文、圖片、視訊…等有關的促銷活動或資訊快速傳播出去，每次準備在限時動態上分享產品或要行銷的訊息時，必須認真思考粉絲「當下使用手機時會想看到什麼內容？」，行銷人員若能從追蹤者的角度出發來挑選每次的題材，並且善用「限時動態」功能，不但可以快速提高商家的知名度和曝光率，還能將顧客導引至店內消費，增加實體店面的業績。

已儲存下來的精選限時動態該怎麼再利用呢？請在「個人」頁面上長按精選動態的圓形圖示，會出現如左下圖的功能選單。選擇「傳送給 ……」的選項即可撰寫訊息，並將精選動態傳送給指定的人。

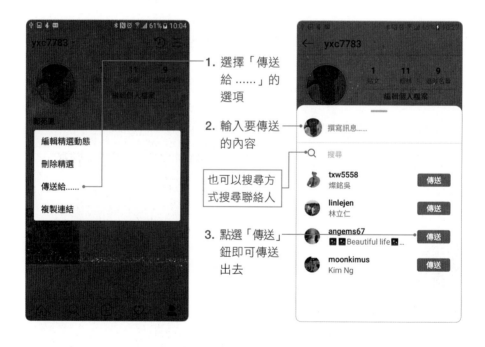

1. 選擇「傳送給 ……」的選項

2. 輸入要傳送的內容

也可以搜尋方式搜尋聯絡人

3. 點選「傳送」鈕即可傳送出去

另外，選擇「複製連結」的選項會將連結拷貝到剪貼簿中，再到你要貼入的 Apps 中進行「貼上」即可，如下圖所示是貼入 LINE 軟體所呈現的效果。

◉ 已發佈貼文新增到限時動態

經常玩 IG 的人可能看過如下的限時動態畫面，只要點選畫面，就會自動出現「查看貼文」的標籤，觀賞者按下「查看貼圖」鈕就可前往該貼文處進行瀏覽。透過此種表現方式，就可以讓用戶將受到大眾喜歡的貼文再度曝光一次。

提示觀賞者可以點選圖片

按點圖片會出現「查看貼文」標籤，點選標籤自動連接至該貼文

想要做出這樣的效果並不難,請在「個人」頁面中切換到「格狀排序」,並找到想要使用的貼文。

2. 點選「格狀排序」

3. 選擇要再發佈的貼文

1. 點選「個人」頁面

當你選好要發佈到限時動態的貼文時,IG 會出現如左下圖的畫面,此時按下「分享」▽ 鈕會顯示右下圖的畫面,請選擇「將貼文新增到你的限時動態」指令。

這時按點畫面可決定用戶名稱要顯示在畫面的上方或下方,你也可以調整畫面的比例大小或加入其他的插圖、文字或塗鴉線條,最後按下左下角的「限時動態」鈕就完成設定動作。

也可以讓用戶名稱顯示於上方

可再加入其他物件

按點畫面可將用戶
名稱顯示於下方

可調整畫面比例大小

設定完成後隨即檢視限時動態,只要按點畫面就能出現「查看貼文」的標
籤囉!

MEMO

12

Instagram 與 Facebook
雙效行銷

個人 FB 簡介中加入 IG 社群按鈕

將現有 IG 帳號新增到 FB 粉絲專頁中

將 IG 社群嵌入至臉書粉專的頁籤

將 Instagram 貼文分享至臉書和其他社群

IG 限時動態 / 貼文分享至 Facebook

將 IG 舊有貼文分享到臉書社群

99 個讚

從行動生活發跡的 Instagram（IG），就和時下的年輕消費者一樣，具有活潑、變化迅速的特色，如果我們想要藉由結合臉書以外的社群來擴大行銷的力道，就必須抓住各社群的特徵，特別是想要經營好以年輕族群為大宗的社群行銷。對於行銷人員而言，需要關心 Instagram 的原因是它能協助接觸潛在受眾的機會，尤其是 16-30 歲的受眾群體。

根據調查，Instagram 在台灣 24 歲以下的年輕用戶占 46.1%，所以想要增加你的潛在客戶，最好能將 Instagram 和 Facebook 整合在一起，兩大主要社群整合之後，網網相連就能擴大行銷範圍，雙效合一。

個人 FB 簡介中加入 IG 社群按鈕

在個人的 Facebook 中加入自己的 Instagram 社群按鈕並不難，請在個人臉書上按下「關於」標籤，切換至「聯絡和基本資料」類別，接著按下右側欄位中的「新增社交連結」，輸入個人的 IG 帳號，再按下「儲存變更」鈕儲存設定。

1. 按下「關於」標籤

2. 點選「聯絡和基本資料」

3. 按下「新增社交連結」

1. 輸入個人的 IG 帳號

2. 按此鈕進行儲存

設定完成後，當他人從 FB 上搜尋你的名字時，就可以在左側的「簡介」上看到你的 IG 按鈕，按下該鈕即可連結到你的 Instagram 帳號。

IG 按鈕顯現於此，可直接連結到你的 IG 帳號

還可以在臉書個人檔案中連結多個 IG 帳號，連結之後系統就會通知你的臉書朋友中有使用 IG 的朋友，讓他們知道妳也有使用。

將現有 IG 帳號新增到 FB 粉絲專頁中

若要在 FB 的粉絲專頁中，把 IG 帳號連結進來，首先你必須是該粉絲專頁的管理員，接著透過以下的方式進行連結。

1. 由粉絲專
頁中按下
「設定」
標籤

3. 按下「新
增社交連
結」

2. 點選「Instagram」類別

當輸入 Instagram 帳號並以密碼登入後，你的 IG 帳號就已經連結到粉絲專頁。之後若有使用 FB 粉絲專頁建立廣告時，IG 帳號裡也會顯示相同的廣告。

IG 限時動態 / 貼文分享至 Facebook

行銷對於不同受眾需要以不同平台推廣，前面我們介紹的都是在 Facebook 中加入 Instagram 帳號的方式，如果你是以 Instagram 為主要的行銷管道，那麼也可以將 IG 限時動態和貼文的內容同時分享到臉書上，這樣的社群平台結合，能讓消費者討論熱度延續更長的時間，理所當然成為推廣品牌最具影響力的管道之一。

欲同步將在 Instagram 發佈的貼文也發佈到 Facebook、Twitter、Tumblr、Amerba、OK.ru 等社群網站時，手機上只要在「設定」頁面中點選「帳號」，接著再選擇「已連結的帳號」，就會看到左下圖的頁面，同時顯示已設定連結或尚未連結的社群網站。對於尚未連結的社群網站，只要具備該社群網站的帳戶和密碼，點選該社群後輸入帳號密碼，就能進行授權與連結的動作，這樣在做行銷推廣時，不但省時省力，也能讓更多人看到你的貼文內容。萬一不想再做連結，只要點選社群網站名稱，即可選取「取消連結」的動作。

顯示可做連結
的社群網站，
與已設定連結
的網站

授權設定只要
輸入該社群的
帳號與密碼

當從 IG 連結到其他社群網站後，請針對偏好進行設定。以 Facebook 為例，當你完成 FB 的連結，並點選該網站（如左上圖所示），就會進入「Facebook 選項」的頁面，如果有多個粉絲專頁，可以在此選擇要分享的個人檔案或粉絲專頁。另外在「偏好設定」部分，開啟「將限時動態分享到Facebook」和「分享貼文到 Facebook」兩個選項，就能自動將相片和影片分享到臉書囉！

指定要分享的粉絲專頁
或個人頁面

將 IG 舊有貼文分享到臉書社群

如果你剛剛才學會將 IG 和 FB 兩個社群做連結,那麼以前在 IG 上發表的貼文要如何貼到臉書上呢?其實很簡單,只要在 IG 上點選已發佈的貼文,由右上角按下「選項」鈕,就能依照以下的方式進行分享。

- 4. 按此鈕分享
- 1. 按下「選項」鈕
- 2. 點選「分享」指令
- 3. 由此開啟 Facebook 功能

目前 Facebook 和 Instagram 的結合越來越密切，當你將 IG 的貼文分享到臉書後，由「設定」視窗點選「開啟 Facebook」指令就可以馬上開啟臉書。如下圖所示：

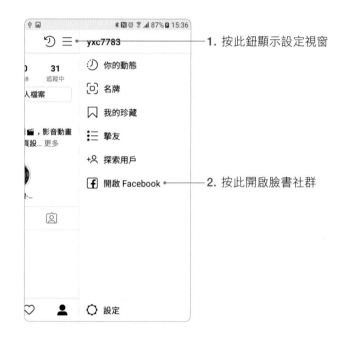

1. 按此鈕顯示設定視窗

2. 按此開啟臉書社群

MEMO

CHAPTER

13

付費廣告宣傳報你知

#刊登 IG 廣告做宣傳

#刊登臉書廣告做宣傳

#增強廣告效益的四大祕訣

社群成為今日的主流媒體，我們的生活逐漸離不開網路「社群」，就連購物也從實體商店轉向網路購物，因此行銷方式開始透過網路通訊的數位性整合，使文字、聲音、影像與圖片結合在一起，也讓網路行銷的標的變得生動與即時，而因運而生的社群媒體遂成為行銷人目前最廣泛使用的工具。社群行銷只要能把消費者心裡所想變成創意，再變成以社群為核心的活動或內容，將是能創造效益的關鍵。

刊登 IG 廣告做宣傳

企業商家將活動資訊或商品內容，透過 FB 或 IG 等社群網站發佈出去，除了建立口碑和商譽外，並不需要花費任何費用。不過只有粉絲或是用戶透過「搜尋」的方式才能看到發佈的貼文。若企業商家刊登廣告的目的是在提升品牌知名度，吸引其他用戶購買商品或安裝程式，讓企業在短暫時間內觸及更多的人、增加更多的粉絲、提高曝光機會以吸引他人前往自家商城購買商品，那麼刊登廣告不失為增加業績的有效方法，比起報紙、電視…等廣告費用，社群廣告可以用最少的花費來宣傳帶動業績。

IG 的廣告版位

IG 上的廣告版位只有兩種：「動態廣告」和「限時動態廣告」。企業刊登的廣告會在用戶名稱下方顯示「贊助」二字，所以當你在首頁瀏覽追蹤對象所發佈的貼文時，偶爾會看到商家刊登的廣告，同樣地當你瀏覽追蹤對象的限時動態時，偶而也會看到「贊助」的字眼。

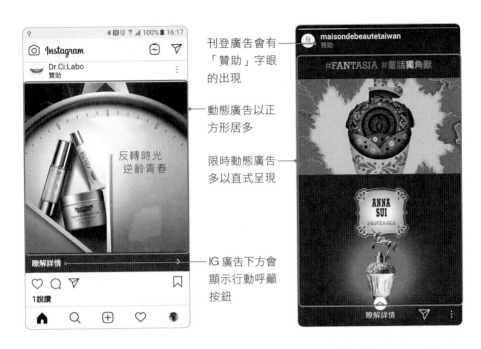

刊登廣告會有
「贊助」字眼
的出現

動態廣告以正
方形居多

限時動態廣告
多以直式呈現

IG 廣告下方會
顯示行動呼籲
按鈕

這兩種廣告版位都可以選用相片或影片方式呈現，相片格式為 *.jpg 或 *.png
格式，預設播放為 5 秒；影片格式則是 *.mp4 或 *.mov 格式，影片長度在
15 秒以內。由於 IG 主要在智慧型手機上使用，所以廣告格式自然以 9:16 的
直式畫面較為合適，但也可以使用橫向或正方形的畫面。圖像中文字比例若
超過 20%，廣告投遞次數可能會減少。商家刊登廣告時可針對觸及人數、
觀看影片、流量、應用程式安裝等目標來鎖定廣告受眾。如果用戶為商業用
戶，還可透過洞察報告來查看廣告成效。

IG 的四種廣告類型

IG 廣告有四種類型，包括：相片廣告、影片廣告、輪播廣告、限時動態廣告。

相片廣告

出現在動態消息之中，多以正方形（1:1）的尺寸居多，因為正方形圖像
的顯示面積最大，呈現相片時，較為有利。正方形廣告的最高解析度為
1936×1936 像素，最低解析度為 600×600 像素，也可以採用橫向或直向
格式。建立廣告時，企業可以自行裁切圖像，使廣告畫面符合期望的比例。

設計建議
• 解析度：
➥ 正方形 1:1- 最低（600×600px）、最高（1936×1936px）
➥ 橫向 1.91:1- 最低（600×315px）、最高（1936×1936px）
➥ 直向 4:5- 最低（600×750px）、最高（1936×1936px）
• 圖片尺寸：1080×1080px
• 檔案類型：jpg 或 png
• 檔案上限：30MB
• 文字上限規定：2200 個字元
• 標籤數量：30 個字元
技術要求
• 圖像最小寬度（像素）：500
• 較低的最小寬度（以像素為單位）：500
• 長寬比容許度：1%

▼ 影片廣告

出現在動態消息之中，以正方形或橫向畫面呈現，影片長度以 60 秒為上限。

設計建議
• 解析度：
➥ 正方形 1:1- 最低（600×600px）、最高（1936×1936px）
➥ 橫向 1.91:1- 最低（600×315px）、最高（1936×1936px）
➥ 直向 4:5- 最低（600×750px）、最高（1936×1936px）
• 檔案類型：mp4 或 mov
• 影片長度：1 至 120 秒（60 秒為一篇）
• 檔案上限：4GB
• 影片字幕：選用
• 文字上限規定：2200 個字元
• 標籤數量：30 個字元以內
技術要求
• 影片最大寬度（像素）：500
• 長寬比容許度：1%

▼ 輪播廣告

用戶只要用手滑動畫面，即可看單一廣告內的其他相片或影片。

設計建議
• 圖片數量：2~3 張（限時動態）、2~10 張（動態消息）
• 圖片比例：9:16（限時動態）、1:1（動態消息）
• 解析度：1080×1920px（限時動態）、1080×1080px（動態消息）
• 圖片尺寸：1080×1080px
• 檔案類型：jpg 或 png
• 圖片檔案上限：30MB
• 影片檔案上限：4GB
• 影片長度：最長 15 秒（限時動態）、最長 60 秒（動態消息）
• 文字上限規定：2200 個字元
• 標籤數量：30 個字元
技術要求
• 長寬比容許度：1%

▼ 限時動態廣告（**Instagram Stories** 廣告）

支援全螢幕或直向格式，讓商家可以分享相片或有聲音的影片。目的在增加流量、觸及人數、或品牌的知名度。商家可利用行動呼籲按鈕，讓瀏覽的用戶進行下載、聯絡、搶先預訂、立即申請、查看訂單、註冊…等各種動作。此廣告可使用圖像或影片，但是上 / 下建議保留大約 14%（250 像素）的空間。

設計建議
• 建議解析度：1080×1920px
• 最小解析度：600×1067px
• 長寬比：9:16 和 4:5 至 1.91:1
• 圖像
➥ 刊登時間上限：5 秒
➥ 檔案大小上限：30MB
➥ 支援的圖像類型：jpg、png

- 影片
  - ↪ 刊登時間上限：15 秒
  - ↪ 檔案大小上限：4GB
  - ↪ 影片寬度下限：500 像素
  - ↪ 支援的影片類型：mp4、mov
  - ↪ 視訊品質：H.264 壓縮格式、正方形像素、固定影格速率、漸進式掃描
  - ↪ 音訊品質：立體聲 AAC 音訊壓縮格式，建議搭配 128kbps+ 的傳輸率
  - ↪ 音效：選用
  - ↪ 字幕：不支援；字幕或輔助字幕必須內嵌於影片檔案中

技術要求

- 圖像最小寬度（像素）：500
- 較低的最小寬度（以像素為單位）：500
- 長寬比容許度：1%

如果商家提供的廣告畫面為橫向或正方形時，IG 會自動選擇漸層背景，並加入動態消息的廣告文案於廣告底部。如右下圖所示：

輪播廣告包含多個相片或影片

商家若提供橫式廣告時，IG 會自動加入廣告文案於底部

商家刊登廣告時可針對觸及人數、觀看影片、流量、應用程式安裝等目標來鎖定廣告受眾。如果用戶為商業用戶，還可透過洞察報告來查看廣告成效。

▶ 刊登 IG 廣告

要在 IG 登廣告主要是透過廣告管理員、API 或廣告創意中心來建立。若是商業用戶，請直接在用戶頁面按下「推廣活動」鈕，再點選「建立推廣活動」鈕進行設定，或是在 IG 貼文下方也有「推廣」鈕可投放廣告。

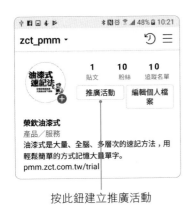

按此鈕建立推廣活動

貼文下方也有「推廣」鈕可進行推廣

當從貼文下方按下「推廣」鈕，IG 會要求須做到以下幾項的設定，包括：

- 選擇要將用戶送到哪個目的地，例如：個人檔案、你的網站、你的 Direct 訊息。

- 選擇目標受眾，可鎖定粉絲、特定地點的用戶、或是選擇要鎖定地標或興趣的用戶。

- 設定預算與期間，IG 會自動預估觸及的人數供你參考。

完成如上三項設定後會進入審查階段，IG 會在頁面上顯示你所設定項目，也可以預覽廣告畫面，確認後按下「建立推廣活動」鈕就可以進行推廣，如左下圖所示。

按「預覽推廣」鈕，可在右圖的畫面中預覽「動態消息」或「限時動態」的廣告效果

由於 IG 廣告不是獨立的廣告平台，而是透過臉書廣告系統進行投放管理，所以個人也能使用電腦版來進行廣告投放，只要有臉書帳號即可連結到 Facebook 的廣告管理員，讓你設定行銷的目標、廣告組合、廣告格式。

進入廣告管理員後，按下「建立」鈕並輸入活動名稱，再依序設定所要的廣告組合、預算、排程、廣告受眾…等，設定投放至 IG，再連結粉絲專頁與 IG 帳號就完成。

按「建立」
鈕建立行銷
活動

投放的 IG 廣告並不會自動出現在你的 IG 帳號中，因為廣告是投放給目標受眾，只由合乎條件的人才會出現。但若是使用現有貼文來投放廣告，才會出現在你的帳戶中。

另外要注意的是，在臉書上建立的廣告可以同時投放到 Instagram、Audience Network、Messenger 等廣告版位。只是每種廣告版位可支援的格式略有不同，例如臉書廣告可支援的格式包括影片、相片、輪播、輕影片等，另外還有全螢幕互動廣告，但僅限定在行動裝置上。Instagram 廣告支援影片、相片、輪播、限時動態，至於 Audience Network 是將廣告範圍延伸到 Facebook 和 Instagram 之外，它只支援相片、影片、輪播三種格式，Messenger 廣告則僅支援相片和輪播廣告。透過臉書提供的廣告服務陣容，讓商家和社群用戶能夠經由各種管道建立聯繫。

刊登臉書廣告做宣傳

在目前臉書演算法的限制下，店家想直接透過行銷獲得效益可說是大不如前，這時或許可以考慮使用付費廣告。在你編寫行銷貼文的過程中，總會有特別引人注目、分享率較高，或是互動數較高的貼文，這些貼文就可以考慮投放付費的廣告，以低成本來獲得較高的互動效果。

臉書廣告是目前數位行銷上最廣為使用的工具之一，目標與活動主軸有如下三種：

- **建立品牌認知**：協助廣告主提升品牌知名度和銷售額，目標在提高用戶對產品或服務的興趣。

- **觸動考量**：目標在促使用戶考慮選擇你的品牌，增加廣告觸及人數和顧客的注意力，並吸引他們想要了解更多的資訊。

- **轉換行動**：鎖定更多點擊你的商品或服務感興趣的用戶，讓廣告受眾直接採取行動，購買或使用你的產品。

在臉書刊登廣告時，最好為刊登的廣告設定預算，以確保廣告費用不會超標，以下將臉書廣告的計價方式和廣告版位做個簡要的說明：

◉ 廣告計價方式

臉書廣告的計價的方式主要有 Cost-per-impression（CPM）以及 Cost-per-click（CPC）兩種。從字義來看，CPM 是以顯示曝光的次數來收費；CPC 則類似 Google AdWords 廣告，是以被點擊的次數來計費。無論是哪一種，即使採取隨機播放的廣告方式，廣告主仍可針對行銷的目標選擇合適的廣告計價方式，不過臉書還是會自行判斷要對哪些特定使用者族群播放廣告。

> 🖢 **TIPS** **播放數收費**（Cost Per Impression, CPI）傳統媒體多採用此種方式，它是以廣告總共播放幾次來收取費用，對廣告店家較不利，不過由於手機播放較容易吸引用戶的注意，仍然有些行動廣告是使用這種方式。
> **點擊數收費**（Cost Per Click, CPC）為搜尋引擎的付費競價排名廣告推廣形式，就是按照點擊次數計費，不管廣告曝光量多少，沒人點擊就不用付錢。例如關鍵字廣告多採用這種定價模式，但缺點是比較容易作弊，經常導致廣告店家利益受損。

▶ 廣告版面位置

臉書廣告出現的位置主要有兩個地方,一個是動態消息區,一個是臉書右側的欄位,如下圖所示,便是在瀏覽臉書時,不經意地就會看到的各種廣告內容。

顯示在動態消息的圖像廣告或影片廣告

顯示在右側欄位的廣告

除了在桌機上看到廣告外,臉書也可以精準的瞄準行動裝置的使用者來投放廣告。廣告主可以針對年齡、性別、興趣等條件篩選主要廣告的對象,精確找出目標受眾。右圖便是手機上所看到的廣告內容。

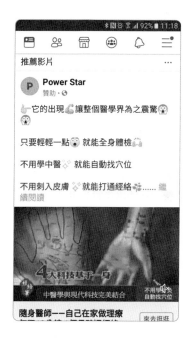

▶ 常用的廣告規格與用途

臉書的廣告格式包含圖像廣告、影片廣告、輪播廣告、右欄廣告、限時動態、輕影片、精選集廣告、全螢幕互動廣告等多種,另外還有「即時文章」的廣告,此種形式是專為行動裝置打造的格式,讓商家在臉書的應用程式中發佈載入快速的互動式文章。

每種廣告的用途與規格皆不相同,下面簡要列出重點供參考:

▼ 圖像廣告

顯示在動態消息之中,是透過優質圖片來吸引用戶前往指定的網站或應用程式。

設計建議
• 檔案類型:jpg 或 png
• 圖像長寬比:9:16 到 16:9
• 建議解析度:上傳最高解析度的圖像。
• 內文:125 個字元
附上連結
• 圖像長寬比:1.91:1 到 1:1
• 建議解析度:1080×1080px
• 標題:25 個字元
• 連結說明:30 個字元
技術要求
• 圖像最小寬度(像素):600
• 圖像最低高度(像素):600
• 長寬比容許度:3%

▼ 影片廣告

顯示在動態消息之中,是以音效及動態展示產品特色,以吸引用戶目光。

設計建議
• 影片長寬比：9:16 到 16:9 • 建議解析度：上傳最高解析度的圖像，但符合檔案大小和長寬比限制 • 影片檔案大小：4GB • 影片長度：1 秒 ~240 分鐘 • 影片字幕：選用，但建議使用 • 影片音效：選用，但建議使用 • 內文：125 個字元
附上連結
• 標題：25 個字元 • 連結說明：30 個字元
技術要求
• 長寬比容許度：3%

▼ 輪播廣告

可展示 10 張以內的圖卡，每張圖卡可置入圖像或影片，並可獨立設定一個連結，讓廣告主在單一廣告中享有多種的發揮空間。選用影片時建議採用 mp4 或 mov 格式，另外手機影片、Windows Media 影片 avi、dv、mov、mpeg、wmv、Flash 影片…等都可支援。

設計建議
• 輪播圖卡數量：2~10 張 • 建議長寬比：1:1 • 建議解析度：1080 x 1080px • 圖像檔案類型：jpg 或 png • 圖片檔案上限：30MB • 影片檔案上限：4GB • 影片長度：最長 240 分鐘（建議長度為 15 秒） • 內文：125 個字元 • 標題：40 個字元 • 連結說明：25 個字元
技術要求
• 長寬比容許度：3%

▼ 右欄廣告

是顯示在臉書右側欄位的廣告。

設計建議
• 檔案類型：jpg 或 png
• 圖像長寬比：9:16 至 16:9
• 建議解析度：上傳最高解析度的圖像。
• 內文：125 個字元
附上連結
• 將圖像裁剪為：1.91:1
• 建議解析度：至少 1200×628px
• 標題：25 個字元
• 連結說明：30 個字元
技術要求
• 圖像最小寬度（像素）：600
• 圖像最低高度（像素）：600
• 長寬比容許度：3%

▼ 限時動態廣告

目標在增加流量和觸及人數，使提高品牌的知名度，並開發潛在的客戶。此種廣告可使用單一圖像或單一影片。透過行動按鈕讓瀏覽的用戶進行下載、聯絡、請先預訂、立即申請、註冊、訂閱…等動作。

設計建議
• 長寬比：9:16 至 1.91:1
• 圖像
⇀ 刊登時間上限：6 秒
⇀ 檔案大小上限：30MB
⇀ 支援的圖像類型：jpg、png
• 影片
⇀ 刊登時間上限：15 秒
⇀ 檔案大小上限：4GB

- ➡ 影片寬度下限：500 像素
- ➡ 支援的影片類型：mp4、mov
- ➡ 視訊品質：H.264 壓縮格式、正方形像素、固定影格速率、漸進式掃描
- ➡ 音訊品質：立體聲 AAC 音訊壓縮格式，建議搭配 128kbps+ 的傳輸率
- ➡ 音效：選用
- ➡ 字幕：不支援；字幕或輔助字幕必須內嵌於影片檔案中

技術要求

- 圖像最小寬度（像素）：500
- 圖像最低高度（像素）：500
- 長寬比容許值：1%

▼ 即時文章

為行動裝置所打造的格式，可以透過圖像或影片方式快速發佈互動式文章。
讓受眾對象在瀏覽即時文章時看到你的廣告。

設計建議

- 圖像長寬比：9:16 至 16:9
- 建議解析度：上傳最高解析的圖像。
- 圖像
  - ➡ 支援的圖像類型：jpg、png
- 影片
  - ➡ 影片長度：1 秒 ~240 分鐘
  - ➡ 檔案大小上限：4GB
  - ➡ 音效：選用
  - ➡ 字幕：不支援；字幕或輔助字幕必須內嵌於影片檔案中
  - ➡ 直向影片將會顯示長寬比 1:1 的畫面大小

附上連結

- 將圖像裁剪為 1.91:1
- 解析度：至少 1200×628px
- 標題：25 個字元
- 連結說明：30 個字元

技術要求

- 圖像最小寬度（像素）：600
- 圖像最低高度（像素）：600
- 長寬比容許值：3%

▼ 精選集廣告

針對個別用戶顯示產品目錄中的商品，目的在刺激顧客的購買慾望。這種視覺化的廣告容易打動消費者，以美觀的排版讓用戶一次瀏覽多達 50 件商品，提升用戶發現和購買商品的機率，而用戶輕觸廣告後即可開啟沉浸式的購物體驗。如果用戶對某件商品有興趣，可輕觸前往商家網站了解更多資訊或下單購買。

在規格部分，精選集廣告通常包含一張封面圖像或一段影片，接著顯示數張產品圖像。當用戶點選時，便會連結至全螢幕的互動廣告，廣告主可運用全螢幕互動體驗來吸引顧客，使產生興趣或進一步提高購買意願。

▼ 輕影片

結合動態、音效、文字，以敘事手法呈現品牌故事。其規格同「影片廣告」。

▼ 全螢幕互動廣告

針對行動裝置而設計的廣告，讓用戶從你的廣告中迅速獲得全螢幕的體驗。

▶ 付費刊登廣告

利用臉書刊登廣告時，有多種的選擇可以來推廣你的粉絲專頁、網站或應用程式。各位可以在粉絲專頁的左下方看到一個「推廣」鈕，這個按鈕代表你有刊登廣告的權限。

只要是粉絲專頁的管理員、編輯、版主、廣告主都可以透過此按鈕進行粉絲專頁的推廣，裡面提供七種目標設定可以拓展事業版圖

按下「推廣」鈕後會看到如下圖的視窗，裡面提供如下八種目標讓你拓展事業版圖：

- **開始使用自動化廣告**：屬於引導式的廣告刊登，廣告主必須先回答有關企業商家的問題後，Facebook 會建議適合的目標和預算來自訂廣告企劃案。當廣告刊登一段時間後，系統會自動以取得最佳成果為目標，不但能節省時間，也可以協助獲得更好的行銷成果。

- **加強推廣貼文**：吸取更多用戶查看專頁貼文與貼文互動。進入視窗後可以選擇要加強推廣的貼文。

- **加強推廣 Instagram**：只針對 Instagram 貼文進行加強推廣。

- **推廣「發送訊息」按鈕**：建立含有粉絲專頁行動呼籲按鈕的廣告。

- **推廣應用程式**：吸引更多用戶安裝你的應用程式。進入視窗後可上傳應用程式，讓用戶從 Google Play 或 App Store 下載。

- **推廣粉絲專頁**：透過粉絲專頁聯繫更多人。視窗中可設定廣告創意、受眾、預算和期間、付款貨幣等。設定完成按下「推廣」鈕即可進行推廣。

- **吸引更多網站訪客**：建立廣告，帶動用戶前往你的網站。廣告中可使用單一圖像、粉絲頁中的一段影片、輪播的多張圖像、或是以 10 張圖像製作而成的輕影片。使用的圖片建議使用 1200×628 像素的圖像較為恰當。

- **獲得更多潛在顧客**：使用表單方式來收集顧客的資料，並設定你希望收集的是哪些資料，諸如：Email、電話號碼、全名、工作、出生日期、公司名等，也可以使用自訂表單簡答題來得到額外的資訊。

點選上述七種目標中的任何一種，就會個別進入不同的畫面，讓廣告主進行各項設定。在設定的過程中，臉書也會自動判斷，如果廣告中的文字比例較高，系統無法有效運用預算而導致觸及人數減少時，也會顯示警告視窗來提醒你注意喔！

▶ 依行銷目標快速刊登廣告

臉書所提供的廣告類型、規格、用途相當多，對於第一次想要擴展版圖的企業主來說，可能無法馬上判斷哪個廣告方式最適合自己。事實上，臉書有提供一個快速刊登廣告的方式，只要企業主知道自己這次行銷的目標為何，就可以快速進行廣告的刊登。

在粉絲專頁可看到如下圖的區塊，按下左右兩側的灰色箭頭可切換畫面，選定行銷目標即可以進行廣告的刊登。

依行銷目標快速刊登廣告，按左右兩側的灰色箭頭可切換畫面

這裡所提供的行銷目標有如下幾種：

- **加強推廣貼文**：觸及更多用戶，並獲得更多心情、留言和分享次數。
- **加強推廣 Instagram 貼文**：觸及更多用戶並獲得更多心情、留言和分享次數。
- **持續觸及更多用戶**：展開長期推廣活動，每月獲得更多點及次數。

- **取得更多粉絲專頁的讚**：幫助用戶找到你的粉絲專頁並按讚。

- **獲得更多連結點擊次數**：將用戶從 Facebook 帶往網站。

- **提高發送訊息**：建立含有粉絲專頁行動呼籲按鈕的廣告。

▶ 付費刊登「加強推廣貼文」

在每個貼文的下方，都會看到藍色的「加強推廣貼文」按鈕，或是從洞察報告中，每個貼文後方也有「加強推廣貼文」鈕，當你想將粉絲專頁中已張貼過的超人氣貼文做成廣告，即可按下該鈕進行付費的刊登，由於洞察報告中可以清楚看出哪些貼文的觸及人數高、參與互動人數多，由此精選貼文進行付費刊登，省時、省事、效果又好。

按下「加強推廣貼文」鈕後，顯示如下視窗。從右側的標籤切換，可查看貼文在桌面版、行動版等不同平台上所顯示的效果。

設定總預算、時間長度和付款貨幣

預覽各種平台上顯示的廣告畫面

在廣告受眾方面,臉書提供三種選擇:鎖定的目標對象、説你粉絲專頁讚的用戶、説你粉絲專頁讚的用戶和他們的朋友。點選其中一個選項後,按下後方的「編輯」鈕,即可編輯目標受眾的性別、年齡、地點等資訊。如要排除特定用戶,可設定排除其中一個條件的用戶。

點選「鎖定的目標對象」所提供的設定內容

在預算和期間方面,廣告主可以設定總預算、時間長度或廣告刊登的截止日。至於付款部分可指定要支付的幣值,可使用信用卡、PayPal 或臉書的廣告抵用券,設定後按下「立即加強推廣」鈕完成廣告訂單,即可進行廣告的推廣活動。

臉書廣告費用並非固定的,但廣告預算是可以控制的,填寫廣告總預算可避免花費超支的情況

● 建立自訂廣告受眾

當你的目標是期望透過臉書推動銷售或獲得潛在的客戶時，是可以編列預算來做廣告，就廣告投放的切入點來說，要把預算花在有明顯意圖的訪客身上，所以建立自訂的受眾名單應是創造利潤的最佳來源。

以臉書的「加強推廣貼文」的廣告為例，當你在設定「廣告受眾」時，下方有個「建立新的廣告受眾」鈕，按下該鈕即可自訂新建目標對象。

📷 增強廣告效益的四大祕訣

很多企業主花大筆錢製作品質佳的視訊廣告，雖然在初期時可以達到不錯的效果，但是一段時間後可能就會出現廣告疲乏的現象，即使廣告主投入更多的廣告資金，往往只有廣告成本增加，卻難達獲利的目的。

有鑑於此，這裡提供幾個祕訣供各位參考，讓各位能以較低的廣告成本獲得最大的廣告效益。

▼ 調整廣告圖像與文案內容

圖像是廣告中最令人印象深刻的元素，變更廣告中的部分圖像，可以快速變化出多種的廣告版本，這樣就不必重新改寫文案，也能保持廣告的新鮮度。調整臉書廣告中的圖像方式有很多種，像是：變更背景色彩、替換其他產品

素材、單一畫面變成多張圖片、圖片加框／加效果、圖像的重新排列組合、增加優惠訊息或節慶促銷專案…等，只要稍加修改，就能讓用戶們有不同的感受。

📶 變更部分元素就能以最低成本獲得多樣的廣告版本

另外，文案廣告也是不可或缺的元素，試著變更文字標題、採用不同角度闡述商品或主張、強化重點文字…等，都可以在不增加太多的廣告製作費用下，獲得多種的廣告版本。

▼ 多種廣告版本輪番上陣

當各位在不增加太多廣告製作費下取得多個廣告版本後，就可以依序將廣告針對有效的用戶進行投放，如果發現廣告效果開始下滑時，就讓其他的廣告上陣。已播放過的廣告，經過一段時間也可以再次廣告，因為廣告受眾可能已經忘記廣告內容，或是配合節慶再次推出，往往有意想不到的效果。

▼ 變更廣告受眾

廣告疲乏的原因往往是企業主重複投放相同的廣告受眾，當用戶每次都看到相同的廣告，就算產品回購率再高，也很難引發他們再次點閱。所以當企業主發現廣告效果有下滑的趨勢，最好變更廣告受眾用戶，找尋其他具有類似特徵的用戶來投遞廣告。

▼ 變換廣告版位

臉書廣告提供各種的廣告版位，在相同的預算之內，不妨改用其他的廣告版
位，這樣有可能吸引到不同的受眾群體。而且相同的廣告放置在不同的版位
上，其顯示的效果也有所不同，比較不會有被轟炸或廣告疲乏的現象。

MEMO